高等教育艺术设计"十三五"规划教学丛书

环境艺术设计

Photoshop方案表现

主　　编：王　浩　张　玲

副主编：杨　瑜　刘　瑶　冯春华

参　　编：陈　锐　王雅婷

U0295836

合肥工业大学出版社

图书在版编目（CIP）数据

环境艺术设计 Photoshop 方案表现 / 王浩，张玲主编 .—合肥：合肥工业大学出版社，2018.11（2023.7 重印）

ISBN 978-7-5650-4248-5

Ⅰ .①环… Ⅱ .①王… ②张… Ⅲ .①环境设计—计算机辅助设计 – 图象处理软件 Ⅳ .① TU-856

中国版本图书馆 CIP 数据核字（2018）第 261933 号

环境艺术设计 Photoshop 方案表现

主　　编：王　浩　张　玲
责任编辑：袁　媛
出　　版：合肥工业大学出版社
地　　址：合肥市屯溪路 193 号
邮　　编：230009
网　　址：www.hfutpress.com.cn
发　　行：全国新华书店
印　　刷：安徽联众印刷有限公司
开　　本：889mm×1194mm　1/16
印　　张：14.5
字　　数：316 千字
版　　次：2018 年 11 月第 1 版
印　　次：2023 年 7 月第 3 次印刷
标准书号：ISBN 978-7-5650-4248-5
定　　价：58.00 元
艺术编辑部电话：0551-62903120

前言

高职学生的核心竞争力在于"技能复合型"，本书依据高职环境艺术设计和建筑室内设计专业特点编写，以实际项目为载体，教学内容紧贴一线工作内容，紧密对接岗位技能，以专业技术应用为核心。

Photoshop是一款设计行业应用非常广泛的图像处理软件，在广告设计、视觉创意、环境艺术设计、建筑效果图后期处理和网页制作等领域占据着相当重要的位置。

全书按照理论结合实践的方式进行编排，在理论知识后紧接着实践练习。紧密结合环境艺术设计和建筑室内设计行业岗位要求，全书共设置6大知识要点、3个综合项目，以完成工作项目为教学过程，将Photoshop各知识点融入项目中，强调"学中做、做中学"，在训练过程中传授知识。

在该书的编写过程中，长沙环境保护职业技术学院王浩承担教材编写的指导组织、大纲撰写统稿、审稿工作以及基础知识点和室内彩色平面图综合项目的编写，长沙环境保护职业技术学院张玲负责室外景观总平图和鸟瞰图综合项目的编写，长沙环境保护职业技术学院杨瑜、刘瑶、陈锐、王雅婷及四川工商学院冯春华参与本书编写工作。

本书的编写参考了大量行业企业一线实际工程项目案例，得到了长沙环境保护职业技术学院环境艺术与建筑系系主任王礼教授和广东华熙艺术设计有限公司设计总监李伟的大力支持，他们在本书的编写过程中给予了指导和建议，并希望通过本书的出版，为高等职业院校艺术设计教育做出贡献。最后特别感谢长沙环境保护职业技术学院的领导和合肥工业大学出版社的领导、编辑为本书出版给予的帮助和支持。

由于笔者自身能力有限，加之时间仓促，书中难免有错误，恳请有关专家和广大读者批评指正。

王 浩

2018 年 8 月

目录

目录

第1章 Photoshop学习基础

1.1 Photoshop功能简介

Photoshop是Adobe公司制作的目前最成功、应用最广泛的图像编辑软件，它具备图像编辑合成、图像校色调色、文字编辑和特效等功能，被广泛地应用于平面广告设计、环境艺术设计、网页制作、工业设计等领域，是一款强大的计算机图像处理软件（图1-1）。

作为初学者，在学习和使用Photoshop软件之前，首先应了解和认识计算机图像处理的基础知识，并针对自身专业方向了解Photoshop软件学习的侧重点。本书主要针对环境艺术设计专业的特点，重点学习环境艺术设计专业所需Photoshop基础操作、室内外效果图后期处理、室内外彩色平面图制作等知识。

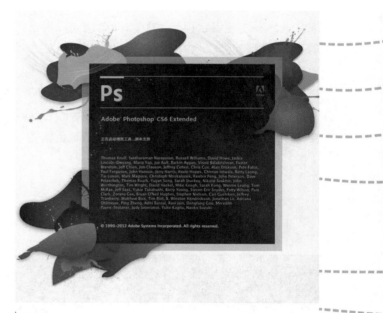

图1-1

1.2 Photoshop基础知识

1.2.1 图像颜色模式

在Photoshop中，颜色模式可以决定用量显示或打印的Photoshop文件色彩模型，依据颜色的构成原理，Photoshop将颜色定义成很多种模式，通过这些颜色模式可以定义、管理颜色。在设计领域，颜色模式提供了一种将色彩协调一致地用数值表示的方法，颜色模式是一种决定不同用途的颜色模型。

单击"图像"→"模式"命令，可以看到Photoshop提供了许多颜色模式（图1-2）。

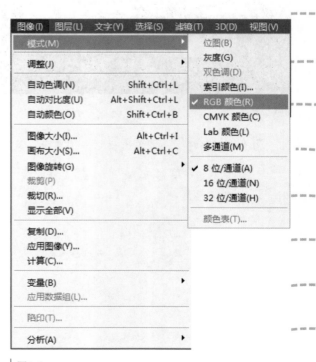

图1-2

1.RGB颜色模式

RGB颜色模式是Photoshop中最常用的一种颜色模式，起源于三原色理论，即任何一种颜色都可以由R（Red）红色、G（Green）绿色、B（Blue）蓝色3种基本颜色按照不同的比例调和而成，是一种加色混合模式，RGB颜色模式应用于电子产品的显示屏，如电视机、手机、显示器等。RGB颜色模式分别有红、绿、蓝3个通道，每个通道的颜色有8位，包含256种灰度级别（0~255），3个通道混合在一起，能显示多达1670万种颜色，新建Photoshop图像的默认模式为RGB颜色模式（图1-3）。

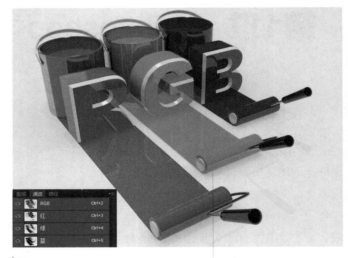

图 1-3

课内练习

①打开本书配套资源"学习资源"→"ZY01"→"01.jpg"文件（图1-4）。

图 1-4

②执行"编辑"→"首选项"→"界面"菜单命令（图1-5）。

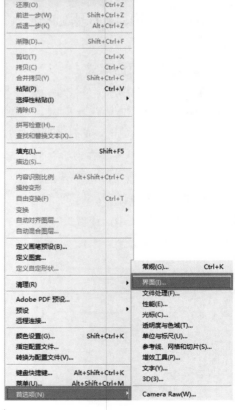

图 1-5

③在首选项对话框中，选择"界面"选项卡，勾选"用彩色显示通道"选项，单击"确定"按钮，设置完成(图1-6)。

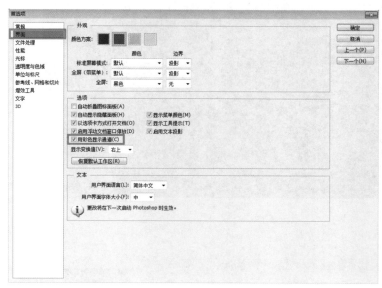

图 1-6

④打开"通道"面板，依次选择"红、绿、蓝"通道(图1-7至图1-9)。

图 1-7

图 1-8

图 1-9

2.CMYK颜色模式

CMYK颜色模式是减色混合模式，是一种基于油墨印刷的颜色模式。CMYK颜色模式用于商业印刷的四色印刷模式，由四种油墨名称首字母缩写构成，其中C（Cyan）青色、M（Magenta）品红色、Y（Yellow）黄色、K（Black）黑色（图1-10），它包含的颜色总数比RGB模式少很多，只有制作用于印刷的图像时才会使用该模式。CMYK颜色模式表现力不如RGB颜色模式，将RGB图像转换为CMYK图像时会产生分色，如果从RGB图像着手编辑，最好编辑完以后再转换为CMYK图像。

在Photoshop中，如果图像处于RGB颜色模式中，可以用CMYK预览命令模拟转换以后的CMYK效果。其方法为"视图"→"校样设置"命令(图1-11)，需要注意的是，在CMYK模式下，部分命令和滤镜不可用。图1-12所示为RGB颜色混合模式图与CMYK颜色混合模式图。

图 1-10

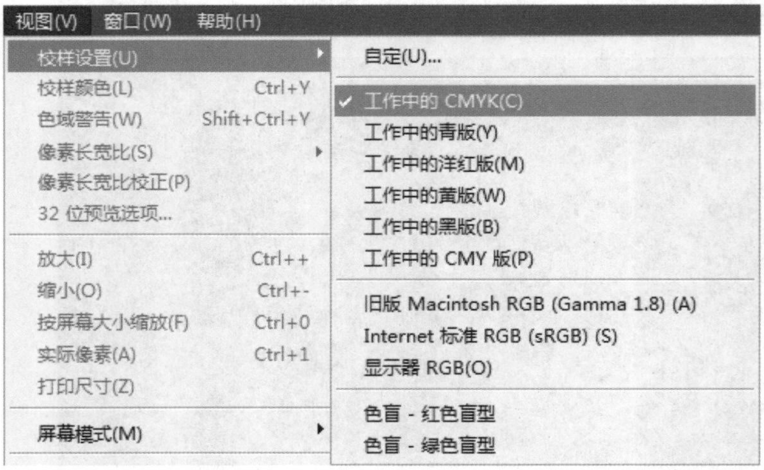

图 1-11

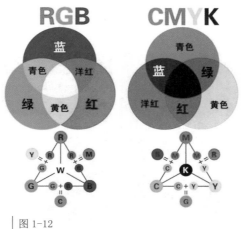

图 1-12

课内练习

①打开本书配套资源"学习资源"→"ZY01"→"02.jpg"文件(图1-13)。

图 1-13

②执行"图像"→"模式"→"CMYK颜色"菜单命令，在弹出的对话框中单击"确定"按钮(图1-14)。

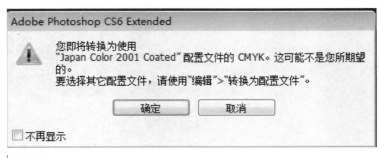

图 1-14

③打开"通道"面板，依次选择"青色、洋红、黄色、黑色"通道(图1-15至图1-18)。

图 1-15

图 1-16

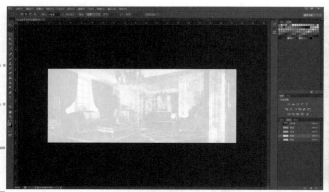

图 1-17

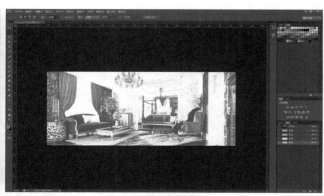

图 1-18

3. Lab颜色模式

Lab颜色模式是Photoshop在不同颜色模式之间转换的中间模式，如将RGB颜色模式转换为CMYK颜色模式时，Photoshop会先将RGB颜色模式转换成Lab颜色模式，再将Lab颜色模式转换成CMYK颜色模式。L表示Luminosity（照度），范围是0~100；a表示从绿色到红色的颜色范围，b表示从蓝色到黄色的颜色范围，两者的范围都是－128~127，它是目前颜色模式中包含色彩范围最广泛的模式（图1-19）。

图 1-19

课内练习

①打开本书配套资源"学习资源"→"ZY01"→"03.jpg"文件（图1–20）。

②执行"图像"→"模式"→"Lab颜色"菜单命令，将RGB模式转换为Lab模式(图1–21)。

图1-20　　　　　　　　　　　　　　　　　　图1-21

③打开"通道"面板，选择"明度"通道(图1–22)。

图1-22

④执行"滤镜"→"锐化"→"USM锐化"菜单命令(图1–23)。

⑤在弹出的"USM锐化"对话框中，设置"数量"为86%，"半径"为1.8像素，设置完成(图1–24)。

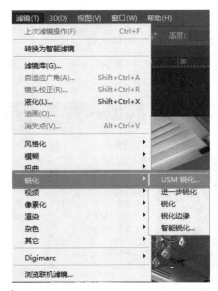
图1-23

图1-24

⑥在"通道"面板上单击Lab通道(图1-25)。

图1-25

⑦与原图效果进行对比(图1-26、图1-27)。

在效果图后期处理时,我们可以使用Lab颜色模式下的明度通道来对图像进行锐化处理,增强画面效果。

图1-26

图1-27

4. 灰度模式

　　灰度模式的图像不包含颜色，由黑白灰三色组成，类似黑白照片的效果，彩色图像转换为灰度模式后，所有色彩信息都会被删除，每个像素的灰阶对应原像素的亮度，能反映原色彩图的亮度关系。

课内练习

　　①打开本书配套资源"学习资源"→"ZY01"→"04.jpg"文件(图1-28)。

　　②执行"图像"→"模式"→"灰度"菜单命令，在弹出的"信息"对话框中，单击"扔掉"按钮，将RGB模式转换为灰度模式(图1-29、图1-30)。

　　③完成灰度模式图像效果。

　　在彩色图像模式转为灰度模式以后，所有彩色信息都被删除，虽然Photoshop允许将灰度模式的图像再转换为彩色模式，但已经丢失的彩色信息无法再找回(图1-31)。

图1-28

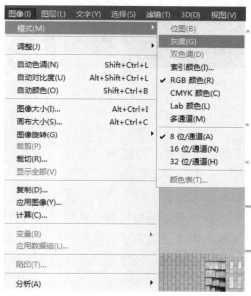

图1-29

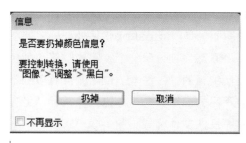

图1-30

图1-31

1.2.2 像素与分辨率

当我们将一张图像放大若干倍后，可以看到图像出现了类似马赛克的效果，看到图像是由许多单色块组成，这些色块被称为像素（Pixel）。像素图又称为光栅图、点阵图、位图，是构成位图图像的最小单位（图1-32、图1-33）。

图1-32

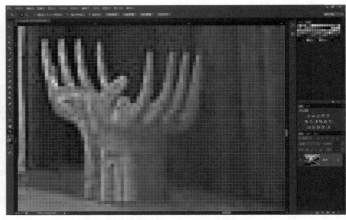

图1-33

分辨率是指单位长度内所含有的点或者像素的多少，单位为"像素/英寸、像素/厘米"，通常的单位是"像素/英寸"，用ppi表示，常用的图像分辨率为72ppi，表示在每英寸长度内包含了72个像素（图1-34）。图像分辨率越高，意味着每英寸所包含的像素越多，细节就越丰富，图像越清晰；图像分辨率也和图像大小有密切的关系，图像分辨率越高，所包含的像素越多，图像的信息量就越大，文件自然就越大。

通常在多媒体显示屏上显示的图像，分辨率设置为72ppi，用于印刷输出的图像分辨率应设置为300ppi，图像分辨率不宜设置过高，它不仅不会增加图像品质，反而会成倍增加文件大小，降低文件操作速度。

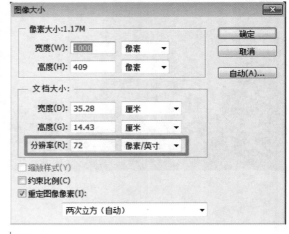

图1-34

图1-35

1.2.3 位图与矢量图

我们使用相机拍摄的照片、扫描的图片、在计算机屏幕上抓取的图片都属于位图图像，位图图像是Photoshop软件处理的主要图像。位图由像素组成，每个像素都会被分配一个特定的位置和颜色值，在编辑位图图像时，其实编辑的就是像素。位图图像有多种不同的格式，不同的格式具有不同的应用方向，单击文件菜单"另存为"命令，可以看到有23种不同的文件格式（图1-35）。

矢量图由对象构成，每个对象都是一个实体，具有颜色、形状、轮廓、大小等特征，矢量图形与分辨率无关，将其缩放到任意尺寸都具有一样的清晰度。矢量图的过渡非常生硬，接近卡通效果，无法像照片等位图那样表现丰富的颜色变化和细腻的色调过渡，Photoshop的文字和钢笔工具具有矢量功能。

1.2.4 图像的位深度

位深度用于指定图像中每个像素可以使用的颜色信息数量，每个像素使用的信息位数越多，可用的颜色就越多，颜色表现就更逼真。Photoshop可以处理8位/通道、16位/通道、32位/通道，在"图像"→"模式"菜单命令中可以进行切换(图1-36)。

8位/通道，图像中的每个通道可以包含256种颜色，图像可能拥有1600万个以上的颜色，在该通道模式下，Photoshop所有命令都可以正常使用；16位/通道，图像中的每个通道可以包含65000种颜色信息，大部分常用命令都可使用，比如支持RGB颜色模式、CMYK颜色模式、Lab颜色模式、灰度模式等；32位/通道，也称作高动态范围（High-Dynamic Range，HDR）图像，主要用于制作影片、特效、三维作品、商业高质量图片等，相比普通图像，高动态范围图像可以提供更多的动态范围和图像细节。高动态范围图像是根据不同曝光的低动态范围图像（Low-Dynamic Range，LDR），利用每个曝光时间相对应最佳细节的低动态范围图像来合成的，最明显的特点是亮部效果鲜亮，暗部的效果能分辨出物体的轮廓和层次，不像普通图像一样一团黑(图1-37)。

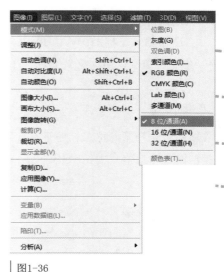

图1-36

图1-37

1.2.5 常用文件格式

在使用Photoshop处理好一幅图像后，需要依据不同的要求对图像进行存储，Photoshop能够导出多种图像格式，我们可以根据工作环境的不同选择对应的图像文件格式，以便获得最理想的效果。

1. PSD格式

PSD格式是Photoshop软件自带的格式，能保存图像数据的所有信息，如像素信息、图层信息、通道信息、颜色模式信息等，所以PSD格式文件较大，在图像还在编辑的过程中，最好使用PSD格式存储文件便于修改。由于大多数排版软件不支持PSD格式的文件，在图像处理完成后，需要转换为占用空间小且存储质量高的文件格式。

2.JPEG格式

JPEG的英文全称是Joint Picture Expert Group（联合图像专家组），它是一种有压缩的格式，是目前最通用的图像预览格式，它的最大特点就是文件比较小，可进行高倍率压缩，常用于图像预览、样图传输和一些超文本文档（HTML文档）。由于JPEG格式在存储过程中会损失一些肉眼不易察觉的数据，因而保存后的图像相较于原图有一定的差别，质量差于原图，因此用于印刷的图像不建议保存为该格式。

JPEG格式支持RGB、CMYK和灰度颜色模式，但不支持Alpha通道。当在Photoshop完成图像编辑制作后，另存为JPEG格式时，会弹出"JPEG选项"对话框，一般情况下我们都选择"最佳"选项，所存储的图像与原图相比在肉眼上看差别不大，但文件大小相较于原图要小很多。

3.BMP格式

BMP格式是标准的Windows图像文件格式，它支持RGB、灰度和位图颜色模式，不支持CMYK颜色模式和Alpha通道。使用此格式文件几乎不经过压缩，因此文件比较大，是一种非常稳定的格式。

4.TIFF格式

TIFF格式的英文全名是Tagged Image File Format（标记图像文件格式），是一种通用的文件格式，该格式是一种无损压缩格式，便于在计算机平台直接进行图像数据交换。TIFF格式支持RGB、CMYK、灰度和位图颜色模式，该格式支持RGB、CMYK和灰度三种颜色模式，还支持通道、图层和路径，是一种应用非常广泛的图像格式。

5.EPS格式

EPS格式是为在Postscript打印机上输出图像开发的格式，其最大的特点是可以在排版软件中以低分辨率预览，而在打印时以高分辨率输出，该格式支持Photoshop中所有的颜色模式，可以用来存储位图图像和矢量图形，在位图模式下白色像素可设置为透明效果。

在环境艺术和室内设计专业制作彩色平面图时，通常先将CAD图纸输出为EPS格式后再导入Photoshop软件中制作。

6.PDF格式

PDF格式是Adobe公司开发的用于电子出版软件的文件格式，适用于不同的平台，该格式可以覆盖矢量图形和位图文件，支持超链接，可以存储多页信息，是网络下载经常使用的文件格式。

PDF格式支持RGB、CMYK、Lab、灰度和位图颜色模式，还支持通道、图层和路径，支持JPEG和ZIP的压缩格式，可以保存图像透明的属性。环境艺术和室内设计专业毕业设计作品上传至毕业设计管理系统时，使用的就是PDF格式。

第2章　Photoshop基本操作

2.1 Photoshop的工作界面

Photoshop工作界面包括菜单栏、标题栏、文档窗口、工具组、工具选项栏、选项卡、状态栏和面板等组件（图2-1）。

图2-1

2.1.1 执行菜单栏命令

Photoshop包含11组菜单（图2-2），可以通过鼠标单击下拉菜单执行命令，单击菜单后，该菜单下拉命令栏中右侧带有黑色三角的命令表示还有下级子菜单，不同功能的命令之间用分隔线隔开，命令为灰色表示当前情况无法使用，命令后带"…"表示该命令会弹出一个对话框，执行"图像"→"调整"→"曲线"菜单命令(图2-3)。

图2-2

"曲线"菜单命令是可以执行快捷键的(图2-3)，组合键为"Ctrl+M"。带有快捷键的命令可以通过单击菜单栏或者直接执行组合键实现命令，但如果执行组合键后无反应，请检查该组合键是否与电脑其他软件冲突，可重新设置快捷键或者关闭相冲突的其他软件。

图2-3

2.1.2 文档的操作

双击桌面Photoshop图标运行软件后，Photoshop的文档窗口是空的，只有新建文档或者打开一个图像时才会创建文档窗口，如果打开多个图像，窗口也只会显示一个文档，其余则按打开顺序最小化到选项卡中（图2-4）。

图2-4

1.新建文档

执行"文件"→"新建"菜单命令或者组合键"Ctrl+N"，即可新建一个空白文档，在弹出的"新建"对话框中可以对文档的尺寸、分辨率、颜色模式、背景内容进行设置，还可将设置好的参数通过"存储预设"按钮进行保存(图2-5)。

2.多文档操作

①如果打开多个图像，可单击选项卡中任意一个图像名称，将其激活为当前操作窗口，使用组合键"Ctrl+Tab"可按顺序切换窗口，组合键"Ctrl+Shift+Tab"可按相反顺序切换窗口。

②用鼠标左键单击多文档选项卡中任意一个图像名称，并将其拖拽出选项卡，可实现文档窗口分离；使用同样的方法将其拖拽到选项卡内，可实现文档窗口合并。

③执行"窗口"→"排列"菜单命令，还可实现"全部垂直拼贴"等多窗口排列方式，有兴趣的读者朋友可逐一尝试操作(图2-6)。

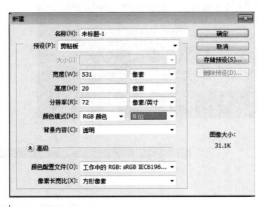

图2-5

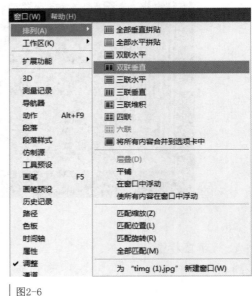

图2-6

2.1.3 工具组

工具组包含了Photoshop中用于创建、编辑图像的主要工具，依据功能分为4组，工具按钮下方有小三角表示还有与该工具类似的按钮（图2-7）。可通过顶部的双三角按钮进行单排或双排的切换，单排工具组排列更合理，为文档窗口提供更大的空间。

在文档窗口上方还有工具选项栏，根据不同的工具按钮提供该工具命令具体的设置（图2-8），该工具选项栏是对应"矩形选框工具"的具体设置，可以设置"加选或减选""羽化"等参数。

图2-8

图2-7

2.1.4 面板

面板位于Photoshop工作界面的右侧，Photoshop有20多个面板，可通过"窗口"菜单进行开启和关闭，默认开启的是"颜色""调整""图层"面板，用户可以根据需要进行自由组合（图2-9、图2-10）。

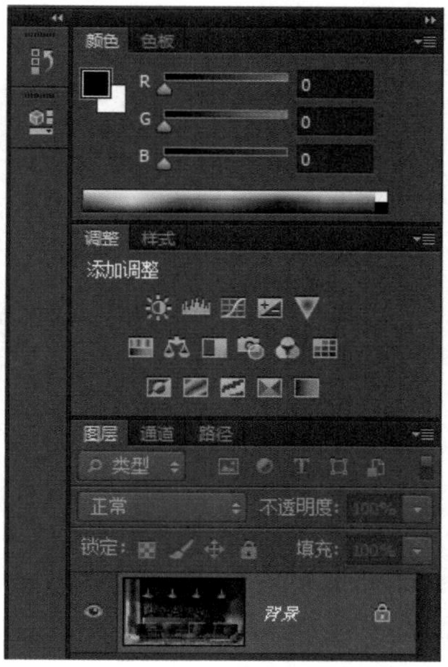

2.2 Photoshop文件的基本操作

文件操作命令集中在Photoshop的文件菜单中，主要包括新建、打开、保存等最基本的操作（图2-11）。

图2-9

图2-10

2.2.1 新建文件

可通过"文件"→"新建"菜单命令或者组合键"Ctrl+N"完成新文档创建，前章节已述。

如果需要创建与某个图像同样大小和分辨率的新文档，可先打开该文档，再依次执行组合键"Ctrl+A""Ctrl+C""Ctrl+N"，即可创建一个与该文件一样大小和分辨率的新文档。

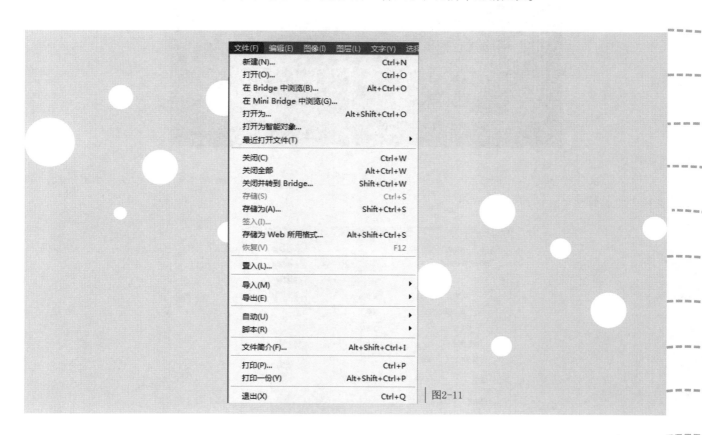

图2-11

课内练习

①打开本书配套资源"学习资源"→"ZY02"→"01.jpg"文件（图2-12）。

图2-12

②执行组合键"Ctrl+A"，可以看到在图像周围出现了一圈蚂蚁线（图2-13）。

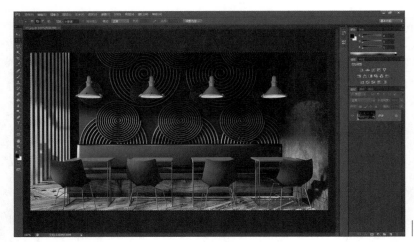

图2-13

③依次执行组合键"Ctrl+C""Ctrl+N"，可看到在弹出的"新建"对话框中的尺寸已经和原图一致，单击确定完成创建（图2-14）。

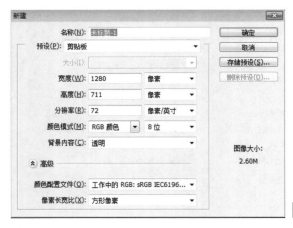

图2-14

④将新建的文档窗口从选项卡中分离（参见前章节中多文档操作内容）（图2-15）。

图2-15

⑤激活"01.jpg"图像窗口，使用"工具组"中第一个工具按钮"移动工具"，快捷键"V"，按住鼠标左键不动，将原图拖动到新建文档窗口内（图2-16）。

图2-16

⑥将分离文档窗口合并到选项卡内（参见前章节中多文档操作内容）（图2-17）。

图2-17

⑦再次使用"移动工具"将图片移动对齐,可见新建文档与原图尺寸一致(图2-18)。

图2-18

课内练习

①打开Photoshop软件,执行组合键"Ctrl+N",在弹出的"新建"对话框中对参数进行设置。

②以室内设计方案图册为例,尺寸为横向A3,用于打印的文件分辨率为300ppi,颜色模式应为"CMYK","新建"对话框的设置如图2-19所示。

③如有需要,点击右侧"存储预设"按钮,将此样式进行保存方便以后调用,新建模板完成效果如图2-20所示。如需新建用于电子设备显示的文档,注意分辨率为72ppi,颜色模式为RGB。

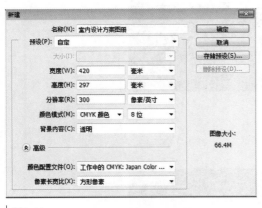

图2-19

图2-20

2.2.2 打开文件

要编辑照片、扫描图像等文件时,需要先用Photoshop软件打开,直接打开的方法很简单,直接执行"文件"→"打开"菜单命令或者组合键"Ctrl+O"即可;也可在Windows文件夹下直接选择图片,将其拖动到Photoshop文档窗口空白区域。

如果文件的后缀名与实际文件格式不匹配或者无后缀名的文件,Photoshop无法判断文件的正确格式,可使用"文件"→"打开为"菜单命令或者组合键"Alt+Shift+Ctrl+O"进行打开,如果无法打开,则表示文件格式不正确或文件已经损坏。

Photoshop还可以置入其他程序设计的矢量图和PDF文件，置入文件前需要先新建一个文档，再执行"文件"→"置入"即可。

2.2.3 存储文件

使用Photoshop软件编辑完图像后，需要将文件进行保存，保存文件用"存储为""存储"两个命令完成。使用"存储为"和首次使用"存储"保存文件，会弹出"存储为"对话框(图2-21)，可对文件保存的名称、格式和保存路径进行设置；如果已经对文件进行保存，再使用"存储"命令，将会以首次保存的设置把修改后的文件直接覆盖原文件保存。

使用计算机进行设计相关工作，无论使用什么软件，都要注意死机、断电等意外情况，养成随时保存的好习惯。

图2-21

2.3 Photoshop图像的基本操作

学习使用Photoshop软件编辑图像，首先要掌握图像的尺寸调整、图像的变换、图像的裁剪等基本操作。

2.3.1 图像尺寸的调整

Photoshop可以任意调整图像的尺寸，但是如果将小图的尺寸改大，会使图片不清晰。

课内练习

①打开本书配套资源"学习资源"→"ZY02"→"02.jpg"文件，在文档窗口底端状态栏可见该文档的大小（图2-22）。

图2-22

②鼠标左键按住状态栏，会显示当前图像的尺寸、分辨率、颜色模式等信息(图2-23)。

图2-23

③执行"图像"→"图像大小"或组合键"Alt+Ctrl+I"，打开"图像大小"对话框，将"宽度"值改为3000(图2-24)，单击"确定"按钮，这时观察到图像被拉伸了，不仅变形而且图像变模糊了(图2-25)。

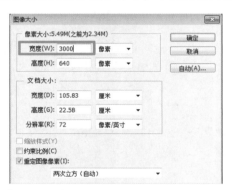

图2-24

图2-25

　　④执行组合键"Ctrl+Z"重做图像操作，再次打开"图像大小"对话框，勾选"约束比例"，再将宽度修改为800像素，由于约束了缩放比例，宽度值也会随之改变(图2-26、图2-27)。

图2-26

图2-27

　　⑤执行"图像"→"图像旋转"，可对图像进行各种旋转操作(图2-28)，执行"水平翻转画布"效果(图2-29)。

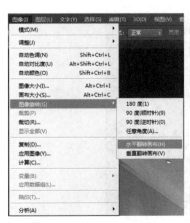

图2-28

图2-29

2.3.2 图像的变换

图像变换是对图像进行缩放、旋转、扭曲、透视、翻转等操作，通过"编辑"→"自由变换"或组合键"Ctrl+T"进行操作，执行命令后，图像四周会出现定界框和操作点，通过拖拽定界框和操作点实现对图像的变换，完成后按回车键确定，若想取消操作则按键盘"Esc"键。

课内练习

①打开本书配套资源"学习资源"→"ZY02"→"03.jpg"文件，在"图层"面板双击，弹出"新建图层"对话框，单击确定(图2-30)。

②执行组合键"Ctrl+T"，打开"自由变换"命令，将光标移动到四周的操作点，可对图像进行缩放操作，按住"Shift"键可对图像进行等比缩放(图2-31)。

图2-30

图2-31

③将光标移出四周的操作点，可对图像进行旋转操作，按住"Shift"键可对图像以15°为单位进行旋转(图2-32)。

图2-32

④执行组合键"Ctrl+T"，在图像上单击右键，可以选择"倾斜、扭曲、透视、变形"等命令对图像进行其他变形操作(图2-33)，图2-34所示是执行"变形"命令，图像上有12个控制点，可对图像进行任意变形操作。

图2-33　　　　　　　图2-34

⑤还可执行图像"水平翻转"和"垂直翻转"操作(图2-35、图2-36)。

图2-35

图2-36

2.3.3 图像的裁剪

使用裁剪工具可以对图像进行裁剪操作，仅保留所需的部分。

课内练习

①打开本书配套资源"学习资源"→"ZY02"→"04.jpg"文件(图2-37)。

图2-37

②执行"工具组"中的"裁剪"命令，将图像中左侧的台灯裁剪下来，直接在图像台灯周围拉出选框，可对选框的长宽进行调整，按回车键完成操作（图2-38、图2-39）。

图2-38

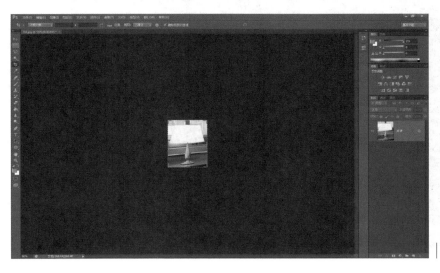

图2-39

③执行组合键"Ctrl+Z"重做图像操作，按住"工具组"中的"裁剪"命令，选择"透视裁剪工具"（图2-40），在右侧装饰画上拉出选框，并调整操作点(图2-41、图2-42)。

裁剪工具操作非常简单，单击"裁剪工具"按钮后，还可在工具选项栏进行具体的调整，如是否约束裁剪范围、裁剪视图的划分方式、删除裁剪的像素等(图2-43)；室内设计中需要截取图像中带有透视关系的对象，如装饰画等，通常使用的是"透视裁剪工具"，该命令可以将带有透视关系的对象经过裁剪后去掉透视关系。

图2-40

图2-41

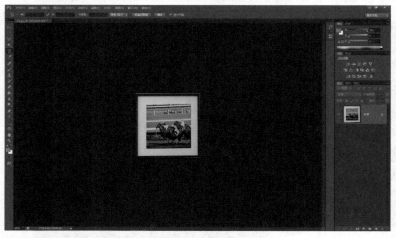

图2-42

图2-43

2.4 Photoshop的辅助工具

在Photoshop操作中经常要使用一些辅助工具来帮助我们更为方便和精细地对图像进行编辑，常用的辅助工具有视图的缩放和平移、标尺和参考线、前景色和背景色、操作的撤销与恢复等。

2.4.1 视图的缩放和平移

使用"缩放"工具或快捷键"Z"可以对图像进行放大和缩小，在"缩放"工具栏中Photoshop CS6默认是勾选"精细缩放"（图2-44），执行命令后直接按住鼠标左键，往右移动放大，往左移动缩小，操作非常方便。

图2-44

若取消勾选"精细缩放"，可使用工具栏中"放大镜+"和"放大镜-"配合鼠标单击对图像进行依次放大和缩小，使用"Alt"键可进行放大和缩小操作的切换；如果对图像进行放大操作，还可直接在图像中拉出一个选区，将选区直接放大。

当图像被放大到一定程度时，会出现像素网格(图2-45)，可通过"视图"→"显示"→"像素网格"将其关闭。

图像被放大后，使用"抓手"工具或按住"空格键"可对图像进行移动操作，"抓手"工具可与其他命令同时执行，操作时只需按住"空格键"即可(图2-46)。

图2-45 　　　　　　　　　　　　　　　　　　　　图2-46

2.4.2 标尺和参考线

设置标尺可以精准地编辑和处理图像。执行"视图"→"标尺"菜单命令或执行组合键"Ctrl+R"即可开启标尺，此时窗口的顶部和左侧会出现标尺(图2-47)。

在标尺栏上双击或执行"编辑"→"首选项"→"单位与标尺"菜单命令，即可打开"首选项"对话框，可以设置标尺的"单位""列尺寸"等参数(图2-48)。

图2-47

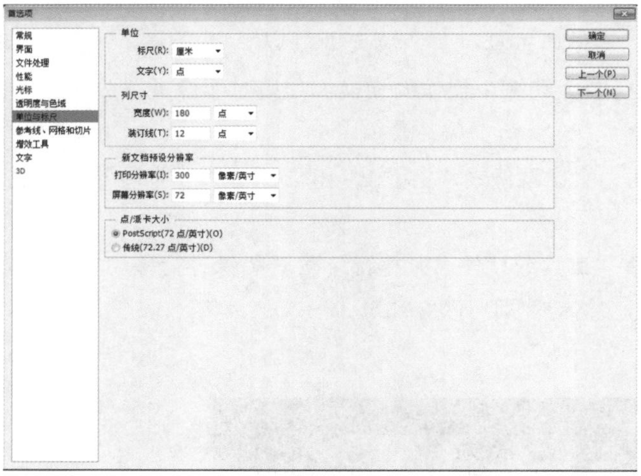

图2-48

　　图像中开启了标尺，即可创建参考线。在标尺上用鼠标拖拽即可创建参考线，还可通过"视图"→"新建参考线"菜单命令打开"新建参考线"对话框(图2-49)，图像创建参考线的效果如图2-50所示，参考线创建后可通过组合键"Ctrl+；"进行显示或隐藏。

图2-49

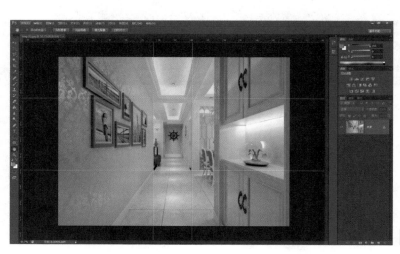

图2-50

执行"视图"→"显示"→"网格"菜单命令或执行组合键"Ctrl+'"还可在图像中显示网格(图2-51)；参考线和网格的颜色可通过"编辑"→"首选项"→"参考线、网格与切片"菜单命令进行编辑(图2-52)。

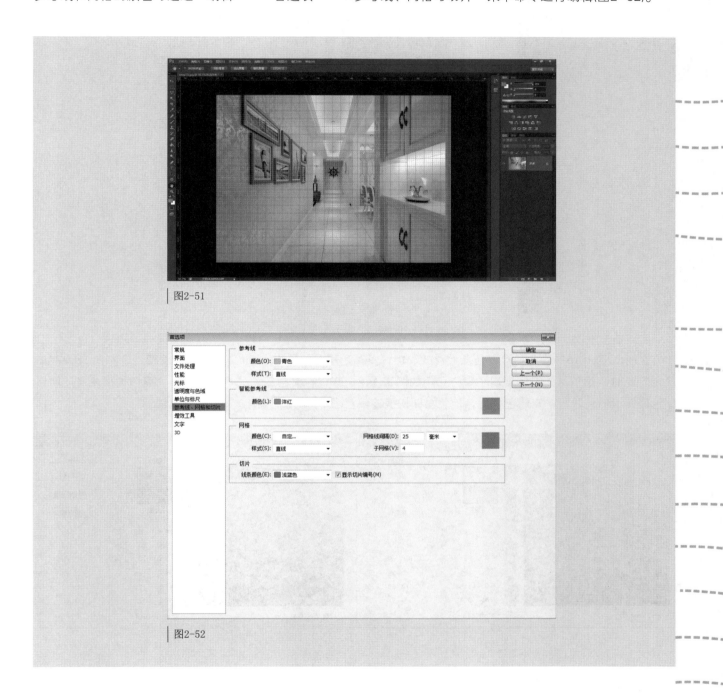

图2-51

图2-52

2.4.3 设置前景色和背景色

使用工具组中的前景色和背景色，即可对前景色和背景色进行设置，上方的色块代表前景色，下方的色块代表背景色(图2-53)；单击前景色色块后即可打开"拾色器"对话框，在区域内任意单击鼠标即可将选择的颜色作为前景色(图2-54)；拾色器右侧显示了HSB模式、Lab模式、RGB模式、CMYK模式的数值和百分比，#号后面的数字是16进制表示的RGB数值(图2-55)。

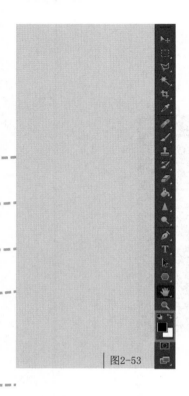

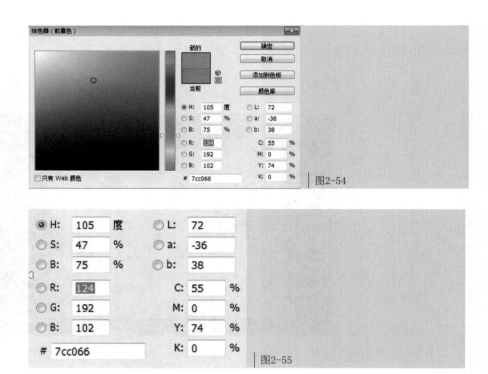

图2-54

图2-53

图2-55

在Photoshop中颜色是可以任意设置的，但许多颜色是无法印刷出来的，如设置R:223、G:118、B:224的颜色，此时"拾色器"右侧出现了警告三角的图案(图2-56)，在警告三角的下方出现一个能印刷出来又与所选颜色最接近的色块，单击此色块后，拾色器即切换该颜色(图2-57)。

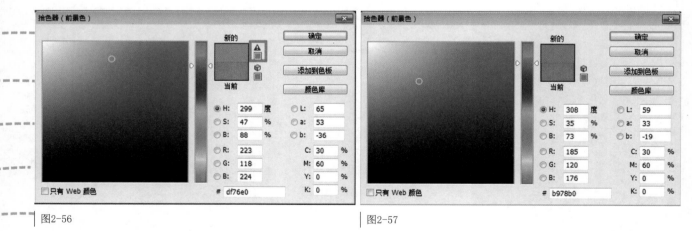

图2-56

图2-57

前景色和背景色的设置方法一致，除了通过工具组上的色块来设置颜色外，还可通过"颜色"面板来进行设定（快捷键F6）(图2-58)；如果某些颜色是被经常使用的，可以通过拾色器上"添加到色板"按钮，直接将设置的颜色存储到色板中(图2-59、图2-60)。

可使用前景色和背景色上方的"默认前景色和背景色"按钮或快捷键"D"，还原前景色和背景色颜色为默认黑白色；使用"切换前景色和背景色"按钮或快捷键"X"对前景色和背景色进行切换。

图2-58

图2-59

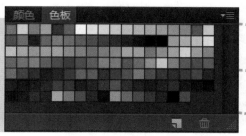

图2-60

2.4.4 操作的撤销与恢复

在编辑图像时，常常由于误操作或对编辑效果不满意，此时可以对当前操作步骤或此前若干步骤进行撤销返回，或将图像恢复到最后一次保存的状态，Photoshop提供了许多用于撤销操作的功能，合理运用此功能可有助于提高工作效率。

最常用的就是软件操作的组合键"Ctrl+Z"，还可通过"编辑"→"还原"或"编辑"→"重做"菜单命令执行，该命令只可往回撤销一步操作，再次执行组合键"Ctrl+Z"即撤销还原命令。

如果想连续执行还原操作，需要连续执行"编辑"→"后退一步"菜单命令，或执行组合键"Alt+Ctrl+Z"；连续执行重做操作，需要连续执行"编辑"→"前进一步"菜单命令，或执行组合键"Shift+Ctrl+Z"(图2-61)。

执行"文件"→"恢复"菜单命令或快捷键F12，可撤销本次所有编辑操作，直接将文件恢复到最后一次保存状态(图2-62)。

Photoshop中每一步操作都会被记录在"历史记录"面板里，可通过执行"窗口"→"历史记录"菜单命令打开，也可单击"颜色"面板左侧的"历史记录"按钮开启。使用"历史记录"面板可直接跳步骤进行撤销与恢复。

编辑(E)	图像(I)	图层(L)	文字(Y)	选择
还原状态更改(O)			Ctrl+Z	
前进一步(W)			Shift+Ctrl+Z	
后退一步(K)			Alt+Ctrl+Z	

图2-61

文件(F)	编辑(E)	图像(I)	图层(L)	文字(Y)	选择
新建(N)...				Ctrl+N	
打开(O)...				Ctrl+O	
在 Bridge 中浏览(B)...				Alt+Ctrl+O	
在 Mini Bridge 中浏览(G)...					
打开为...				Alt+Shift+Ctrl+O	
打开为智能对象...					
最近打开文件(T)				▶	
关闭(C)				Ctrl+W	
关闭全部				Alt+Ctrl+W	
关闭并转到 Bridge...				Shift+Ctrl+W	
存储(S)				Ctrl+S	
存储为(A)...				Shift+Ctrl+S	
签入(I)...					
存储为 Web 所用格式...				Alt+Shift+Ctrl+S	
恢复(V)				F12	

图2-62

本章节练习

①打开本书配套资源"学习资源"→"ZY02"→"05.jpg和06.jpg"文件(图2-63)。

②执行"移动工具"命令，快捷键"V"，将"06.jpg"装饰画拖动到"05.jpg"的图像中(图2-64)。

③执行组合键"Ctrl+T"，将装饰画调整大小，并移动到墙面画框位置，装饰画大小稍大于画框即可，按回车键完成(图2-65)。

④执行"缩放工具"命令，快捷键"Z"；配合"抓手工具"命令，快捷键"空格键"，将画面整体放大，让墙面画框尽量放大显示在窗口中(图2-66)。

⑤再次执行组合键"Ctrl+T"，并单击鼠标右键，选择"扭曲"命令，依次选择装饰画四个角点，将其对齐到装饰画框(图2-67)。

⑥完成装饰画合成并调整大小后，执行"缩放工具"命令观察整体效果，合成进入的装饰画过亮，与画面整体不协调。鼠标单击右侧"图层"面板中"图层混合模式"下拉菜单(图2-68)，将"正常"模式改为"正片叠底"，此时装饰画的亮度与画面整体就协调了(图2-69)。

⑦打开"历史记录"面板，可查看本次练习所有步骤(图2-70)，如对中间某一步骤不满意，可直接撤回再次编辑。

图2-63

图2-64

图2-65

图2-66

图2-67

图2-68

图2-69

图2-70

第3章　Photoshop 选区的操作

本章主要讲解 Photoshop 选区的操作，选区是使用 Photoshop 选择工具和命令创建限定编辑操作的范围，是进行图像编辑的首要操作，通过本章节学习，读者可以根据不同的需要采用不同的工具创建选区并对选区进行编辑操作。

3.1 什么是选区

使用 Photoshop 编辑图像中某个局部或者某个单独的对象时，首先要将该局部区域或者该对象的区域进行选择限定，选择该区域的过程叫作创建选区。

使用 Photoshop 编辑图像，通过创建做选区，可以对该区域进行调整编辑，并保护未选定区域不会被改动。图 3-1 所示是一幅墙面装饰画的照片，如果想单独对其中一幅装饰画进行调整，首先要通过创建选区将装饰画选中，然后可以进行色彩调整（图 3-2）。如果没有创建选区，就会针对整个图像进行调整（图 3-3）。

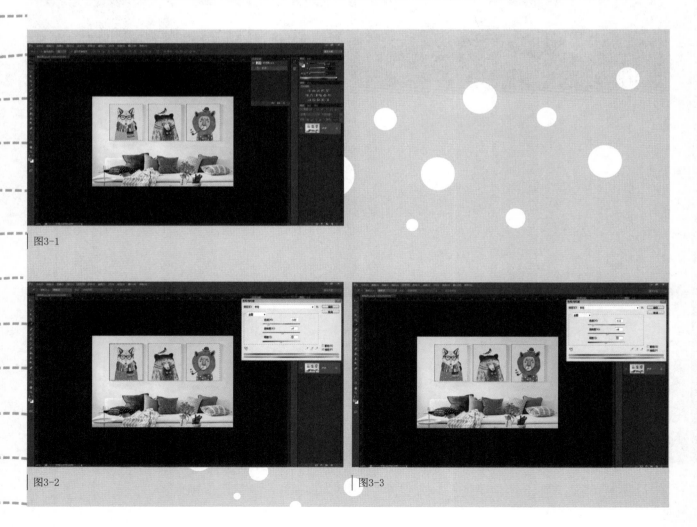

图3-1

图3-2　　　　　　　　　　　　　　　　图3-3

通过创建选区，还可将选区的图像从原图中分离出来，合并到另一张图像素材中去，这就是最基本的图像合成方法，图3-4和图3-5所示是为装饰画创建选区，使用"移动工具"将其移动到另一张图像素材。当然两张图像的拍摄角度、环境光照等因素都不相同，直接合成效果不理想，还需要后期对投影、色彩、亮度等进行调整；图3-6所示是调整完成的效果，本章节只学习如何创建和编辑选区。

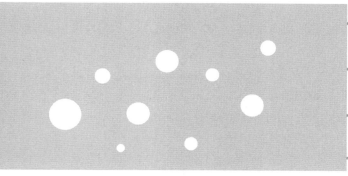

图3-4

图3-5　　　　　　　　　　　　　　　　　　　　图3-6

3.2 规则选区工具

规则选区工具就是"选框"工具，通过工具组上的"矩形选框"工具即可打开，一共包含4种，分别为"矩形选框""椭圆选框""单行选框"和"单列选框"工具，默认为"矩形选框"工具，快捷键"M"可以使用当前选框工具（图3-7）。使用"选框"工具时，顶部工具栏会有"加选""减选""羽化"和"样式"选项，图3-8所示是以"矩形选框"工具为例，其余样式均相同。

图3-7　　　　　　　　　　　　　　　　　　　　图3-8

3.2.1 矩形选框工具

使用"矩形选框"工具，拖动鼠标可以在图像上拉出矩形选择框，选择框四周会有动态的蚂蚁线，表示选区创建成功。通常情况下，按下鼠标第一点是确定选区的左上角，第二点是确定选区的右下角，如果按住"Alt"键，那第一点是确定选区的中心点，第二点是确定选区的右下角。如果确定第一点后，创建过程中按住"Shift"键，可以拉出一个正方形选框。想要取消该选区，可以单击鼠标右键，在弹出的对话框中选择"取消选择"或者执行组合键"Ctrl+D"，即可完成取消选区操作（图3-9）。

课内练习

①打开Photoshop软件，执行"文件"→"新建"或按组合键"Ctrl+N"，新建一个空白文件（图3-10）。

图3-9

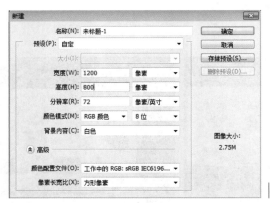

图3-10

②单击"前景色"的色块，设置前景色颜色为R：102、G：51、B:102，设置前景色颜色为灰紫色(图3-11)；设置背景色颜色为R：241、G：235、B:77，设置背景色颜色为黄色（图3-12）。

③执行工具组中"油漆桶"工具或组合键"Alt+Delete"，将前景色填充到整个画面中，完成后如图3-13所示。注：填充背景色组合键为"Ctrl+ Delete"。

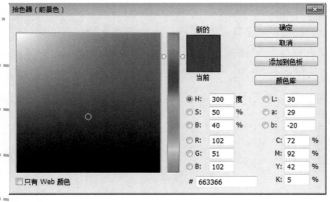

图3-11

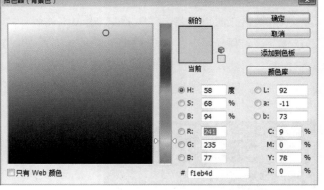

图3-12

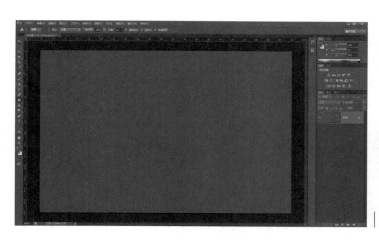

图3-13

④使用"矩形选框"工具，在画面中创建一个矩形选区，可尝试配合"Alt"键从中心创建和"Shift"键创建正方形(图3-14)；完成创建后，将光标移动到选框上，拖拽鼠标，可对选区进行移动，调整选区的位置（图3-15）。完成后执行组合键"Ctrl+D"取消选区。

⑤在图层面板下方单击"创建新图层"按钮，新建"图层1"，使用"矩形选框"工具，在画面左侧创建一个矩形选区，执行组合键"Ctrl+ Delete"填充背景色(图3-16)。完成后按组合键"Ctrl+D"取消选区。

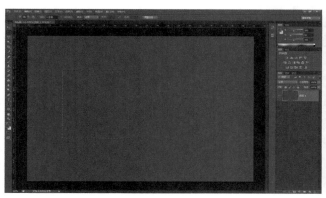

图3-14

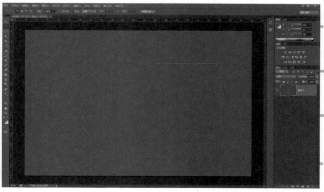

图3-15

图3-16

⑥使用相同的方法再次新建图层2，在工具栏中设置"羽化"值为5像素，使用"矩形选框"工具，在画面中间创建一个矩形选区，执行组合键"Ctrl+ Delete"填充背景色(图3-17)。

⑦重复上述操作，将"羽化"值设置为15像素(图3-18)，观察效果，"羽化"值越高轮廓虚化越强，但需要注意的是，当我们将"羽化"值设置过高如200像素时，会弹出图3-19所示的对话框，羽化设置失败。

图3-17

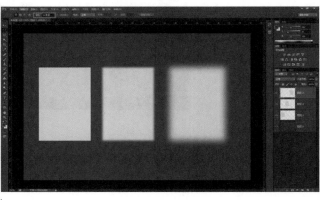
图3-18

图3-19

⑧完成后将文件保存。"羽化"可以柔化选择区域的边界，使选择区域产生一个过渡区域，在合成时能更好地让图像与周围图像相互融合。

在创建选区的过程中，可通过工具栏上的"添加到选区"或在选区过程中按住"Shift"键来实现在原有选区上增加选区操作，还可通过工具栏上的"从选区减去"或在选区过程中按住"Alt"键来实现在原有选区上减去选区操作，以上操作适用于所有使用形状的选区方法。

3.2.2 椭圆形选框工具

使用"椭圆形选框工具"可以创建圆形选区，按住"Shift"键可以创建正圆形选区，可勾选工具栏上的"消除锯齿"选项，能使圆心边缘更为光滑，其余操作与"矩形选框工具"完全一致(图3-20)。

图3-20

课内练习

①打开之前的练习文件，单击"图层"面板中新建的"图层1至图层3"前面的眼睛图标，将这三个图层关闭（图3-21）。

②按住"矩形选框"工具按钮，选择"椭圆选框"工具(图3-22)。

③新建图层4，在图像左侧绘制一个圆形选区，可尝试配合"Alt"键从中心创建和"Shift"键创建正圆形，执行组合键"Ctrl+ Delete"填充背景色(图3-23)。完成后执行组合键"Ctrl+D"取消选区。

④新建图层5，设置"羽化"值为15像素，在图像右侧绘制一个圆形选区，执行组合键"Ctrl+ Delete"填充背景色(图3-24)。

⑤完成后将文件保存。

图3-21

图3-22

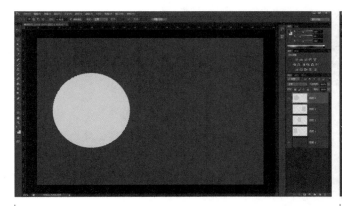

图3-23

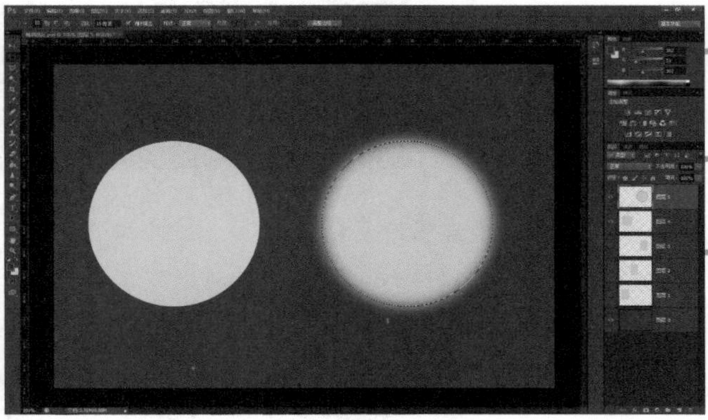

图3-24

3.2.3 单行和单列选框工具

"单行"和"单列"选框工具是用鼠标在图像中拖拽出横向和竖向的像素为1的选框，工具栏中只有"选择"可用，其余操作与"矩形选框"工具相同，因为仅有1像素，"羽化"和"样式"不可用(图3-25)。

图3-25

3.3 不规则选区工具

在环境艺术设计中使用Photoshop软件编辑图像，大多数图像是不规则的，很少出现如装饰画等规则的方形，因此仅靠规则选区工具是很难完成工作的，Photoshop软件还提供了不规则的套索选区工具(图3-26)。

图3-26

3.3.1 多边形套索工具

多边形套索是通过鼠标沿着对象轮廓创建一个个节点来控制选区的工具，因为它的可控性较强，在实际操作中应用最为广泛。

课内练习

①打开本书配套资源"学习资源"→"ZY03"→"01.jpg"文件（图3-27）。

图3-27

②本练习要为右侧沙发创建选区，在工具组中选择"多边形套索"工具，沿着右侧沙发轮廓单击鼠标左键（图3-28）。在创建过程中，创建的控制点不要太多，主要在轮廓转角的地方单击鼠标。首次创建也无须太精细，沿对象轮廓快速创建即可，可在二次调整中逐步修改完善。

图3-28

③使用"缩放"工具和"抓手"工具将沙发区域放大并居中显示，方便观察选区效果（图3-29）。

图3-29

④使用"多边形套索"工具，配合"Shift"键进行加选操作，将沙发靠背上部没有选中的区域加选进来(图3-30)。加选或者减选可依据首次创建选区的情况而灵活确定，也可使用其他创建选区的命令配合进行加选和减选操作。

图3-30

⑤检查沙发其他区域，使用加选和减选编辑选区的轮廓，完成沙发选区的创建（图3-31）。

图3-31

⑥执行组合键"Ctrl+X"将沙发选区剪切至剪贴板，在图层面板下方单击"创建新图层"按钮，新建"图层1"，按执行组合键"Ctrl+V"将沙发选区粘贴到新图层，关闭"背景图层"，完成操作（图3-32）。

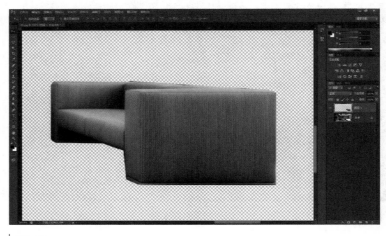

图3-32

⑦完成后将文件保存。"多边形套索"工具完成到任意一个控制点时，双击鼠标即可将该控制点与起点连线，完成选区创建。

3.3.2 套索工具

"套索"工具是用鼠标自由绘制选区工具，与"多边形套索"工具相比没有控制点，是直接按住鼠标，沿图像轮廓进行描边来确定轮廓选区，如果起点与终点未重合，Photoshop软件会自动生成一个封闭面，按"Alt"键可绘制直线（图3-33）。

"套索"工具用鼠标描边的方式确定选区，因鼠标控制力较差，因此"套索"工具在实际应用中较少，大多配合绘图板使用。

图3-33

3.3.3 磁性套索工具

"磁性套索"工具操作方式与"套索"工具类似，与"套索"工具相比，它具有自动识别边缘的功能，针对边缘颜色对比较大的对象效果较好。操作方法是确定对象轮廓起点单击鼠标，沿图像轮廓进行描边，来确定轮廓选区，当回到起点时，光标右下角会出现一个小圆圈，表示选择区域已经封闭，再次单击鼠标完成操作。

"磁性套索"工具栏增加了宽度、对比度、频率和钢笔压力参数设置（图3-34）。宽度用于设置选区时边缘轮廓的距离，数值越大，采样边缘距离越宽；对比度用于设置套索的敏感度，数值越大，选区越精确；频率用于设置套索连接点的频率，数值越大，选区连接点越多；钢笔压力用于设置绘图板钢笔的压力，仅适用于安装绘图板的情况下使用。

图3-34

3.4 色彩差异选区工具

如果需要创建选区的对象与背景之间存在较大的差异，可以使用"魔棒"工具、"快速选择"工具、"色彩范围"命令创建选区。

3.4.1 魔棒工具

"魔棒"工具的原理是通过选择类似或一致颜色来实现选区，如果图像中颜色过于丰富，则不适合运用该工具(图3-35)。

图3-35

课内练习

①打开本书配套资源"学习资源"→"ZY03"→"02.jpg"文件(图3-36)。

②本练习要为墙面创建选区，在工具组中选择"魔棒"工具，使用默认参数在墙面单击(图3-37)；接来下我们分别调整"容差"值为15和42(图3-38、图3-39)。容差值数值越小，选择的颜色越精确，相对而言选择的区域就越小，系统默认值为32。

图3-36

图3-37

图3-38

图3-39

③执行组合键"Ctrl+ D"取消选区，重新设置"容差"值为32，再次选择墙面，并按"Shift"键进行加选，使用"魔棒"工具在未选择的墙面上单击（图3-40）。

④此时观察画面，虽然墙面与沙发之间存在问题，但我们使用了三次"魔棒"工具就完成了大部分墙面选区的创建，而且基本正确，剩下的部分我们可使用"多边形套索"工具和"矩形选框"工具配合加选与减选对选区进行调整（图3-41）。

⑤完成后将文件保存。

图3-40

图3-41

3.4.2 快速选择工具

"快速选择"工具是根据拖拽鼠标范围内的相似颜色来选择物体（图3-42）。

图3-42

课内练习

①打开本书配套资源"学习资源"→"ZY03"→"02.jpg"文件，使用"快速选择"工具，勾选"自动增强"，从墙面左侧开始沿墙面拖拽至右侧（图3-43）。

图3-43

②可以看到，"快速选择"工具可以非常快地选择颜色类似的区域，但沙发部分和墙面画框都被选进去了，需要进行调整，去掉"自动增强"的勾选，按住"Alt"键进行减选，再次使用"快速选择"工具在沙发和画框部分进行拖拽，完成选区的减选操作（图3-44）。

图3-44

③"快速选择"工具相较于"魔棒"工具有着更为快速和自由的选区，可以由鼠标控制选区的范围；但是我们也发现"快速选择"工具对于细节的处理不够理想，比如本练习中落地灯支架部分的选区就没有很好地区分，也和颜色相近有关系，可以使用"多边形套索"工具进行减选。

3.4.3 色彩范围命令

"色彩范围"命令是根据图像中的颜色分布来生成选区，与"魔棒"工具和"快速选择"工具类似。

通过执行"选择"→"色彩范围"命令，会弹出"色彩范围"对话框(图3-45)；通过吸管在图像中点选所需的颜色，调整"颜色容差"来确定选区的范围，可以使用加选吸管来扩大选区范围，减选吸管缩减选区的范围，最终在预览区得到黑白灰的图像效果，白色部分是完全建立选区，我们需要将图像尽量调整为黑白图，不要留有灰色区域(图3-46)。

"魔棒"工具、"快速选择"工具和"色彩范围"命令都是通过颜色来确定选区的工具和命令，遇到颜色区分明显的图像，我们可以使用这些工具和命令来快速创建选区，通过同一张图像，使用了上述三种方法进行选区，得到了不同的效果，读者朋友可以多次进行尝试并选择合适的方法。需要注意的是，任何命令都不可能一次到位，都是需要后期对选区进行编辑和调整，方法均是加选和减选，至于使用什么工具和命令，我们无法提供固定的操作流程，需要读者朋友进行大量的练习来积累经验进行判断选择。

图3-45

图3-46

3.5 羽化选区

羽化的作用在之前"矩形选框"工具中已经详细介绍，可以通过事先设定好的羽化值来对选区边缘进行柔化，本练习将学习通过设定参数对选区边缘进行柔化，主要用于室内外效果图四周压深或者虚化的效果，达到突出中心的目的。

课内练习

①打开本书配套资源"学习资源"→"ZY03"→"03.jpg"文件(图3-47)。

图3-47

②执行组合键"Ctrl+A"，此时在图像四周出现蚂蚁线，表示整个图像创建了选区(图3-48)。

③执行"选择"→"修改"→"边界"菜单命令，在弹出的"边界"对话框中设置"宽度"为60(图3-49)。

④执行组合键"Ctrl+Shift+I"，此时选区为图像中间大部分区域（图3-50），我们需要将图像四周压深，因此需要选择的是图像的四周边缘，需要再次执行组合键"Ctrl+Shift+I"进行反选，将画面四周宽度创建选区(图3-51)。

⑤图像四周创建选区后，需要将该区域进行羽化，执行"选择"→"修改"→"羽化"或组合键"Shift+F6"，在弹出的"羽化选区"对话框中，设置"羽化半径"为120(图3-52)。

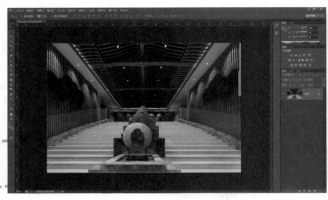

图3-48

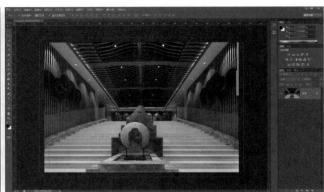

图3-49

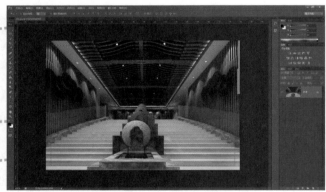

图3-50

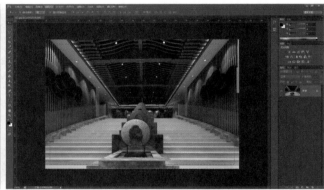

图3-51

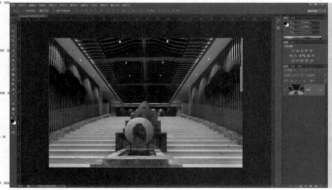

图3-52

⑥按"D"键或将前景色设置为黑色，执行组合键"Alt+Delete"，将前景色填充到选区(图3-53)。

⑦还可进行选区虚化操作，执行组合键"Ctrl+Z"撤销上一步操作，执行"滤镜"→"模糊"→"高斯模糊"，在弹出的"高斯模糊"对话框中，将"半径"值设置到合适的参数，观察模糊效果（图3-54）。完成后执行组合键"Ctrl+D"取消选区。

⑧完成后将文件保存。

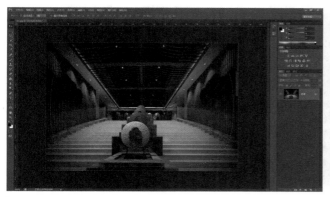
图3-53

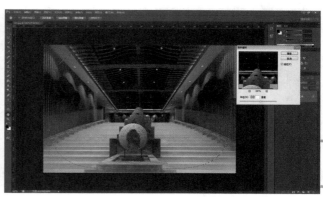
图3-54

3.6 选区的填充与描边

填充命令是Photoshop软件常用的操作命令，可以使用组合键"Alt+Delete"填充前景色，组合键"Ctrl+Delete"填充背景色，还可以使用"油漆桶"工具填充前景色。描边的作用是对选区的轮廓进行线框处理，常用于图像中增加轮廓、强调某一物体等。

课内练习

①打开本书配套资源"学习资源"→"ZY03"→"04.jpg"文件(图3-55)。

②执行组合键"Ctrl+R"开启标尺，使用"移动"工具拉出的两条水平参考线(图3-56)。

③执行"矩形选框"工具，沿两条参考线中间拉出一个矩形选区(图3-57)；执行组合键"Ctrl+Shift+I"进行反选，选择上部和下部的选区(图3-58)，这是制作图册封面常见的水平三段式分布。

④执行"编辑"→"填充"菜单命令或组合键"Shift+F5"，在弹出的"填充"对话框中，选择使用"背景色"，将"不透明度"设置为50%(图3-59、图3-60)。

⑤执行组合键"Ctrl+D"取消选区，使用"吸管"工具吸取地板的颜色（图3-61）；在上部分段创建一个矩形选区，执行"Alt+Delete"，将前景色填充到选区（图3-62）。

⑥按"X"键或将前景色设置为白色，执行"编辑"→"描边"菜单命令，在弹出的"描边"对话框中设置"宽度"为10，"不透明度"为100%(图3-63、图3-64)。

⑦完成后将文件保存。

本练习的操作都应基于建立新图层的基础上进行，不会破坏原图，但因图层内容尚未学习，因此本练习的操作都是在原图上进行。

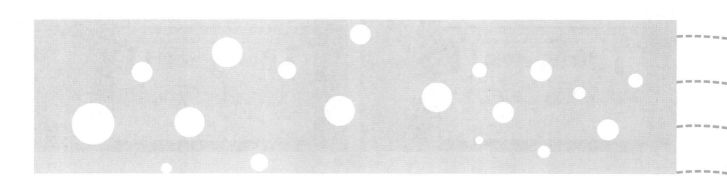

图3-55

图3-56

图3-57

图3-58

图3-59

图3-60

图3-61

图3-62

图3-63

图3-64

3.7 选区的保存与载入

在Photoshop中创建一个新的选区，旧的选区就会消失，我们可以将旧选区进行保存，方便在随后的操作中重新载入，这样选区就不会丢失，不用再次去创建选区，选区的储存是通过建立新的Alpha通道来实现的。

课内练习

①打开本书配套资源"学习资源"→"ZY03"→"05.jpg"文件（图3-65）。

②使用"多边形套索"工具，框选出顶面上的灯（图3-66）。

③执行"选择"→"存储选区"工具，在弹出的"存储选区"对话框中将名称定义为"灯"（图3-67）。

④按组合键"Ctrl+D"取消选区，切换到"通道"面板，可以看到"通道"面板中多了一个"灯"的Alpha通道(图3-68)。

⑤执行"选择"→"载入选区"菜单命令，单击"载入选区"菜单命令后点击"确定"按钮(图3-69)，在之前创建的原位置上出现了灯的选区(图3-70)。

⑥接下来可以对该选区进行各种编辑操作。

⑦完成后将文件保存。

图3-65

图3-66

图3-67

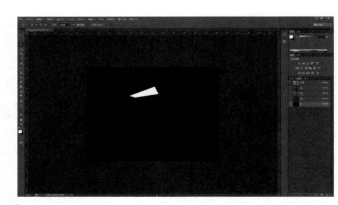

图3-68

图3-69

图3-70

本章节练习

①打开本书配套资源"学习资源"→"ZY03"→"06.jpg"文件(图3-71)。

②使用"魔棒"工具,单击窗外蓝色区域,使用"加选",依次单击蓝色区域,为窗外区域创建选区(图3-72)。

③双击"图层"面板上的图层名,在弹出的"新建图层"对话框中单击"确定"按钮,为图层解锁(图3-73)。

④按"Delete"键,将窗外蓝色部分删除(图3-74)。

⑤打开本书配套资源"学习资源"→"ZY03"→"07.jpg"文件,使用移动工具,将其拖拽到"06.jpg"文件内(图3-75)。

⑥执行组合键"Ctrl+D"取消选区,执行"Ctrl+T"自由变换命令,将背景图像放大,放大后配合"Ctrl"键选择图像四角控制点,调整图像透视关系,完成后按回车确定(图3-76)。

⑦在"图层"面板中,选择"图层1"按住鼠标拖拽至"图层0"下方,使用"移动"工具调整背景图像位置(图3-77)。

⑧背景图像是次要对象,要将其弱化,执行"图像"→"调整"→"色阶"或组合键"Ctrl+L",在弹出的"色阶"对话框中设置参数(图3-78);执行"图像"→"调整"→"色相/饱和度"或组合键"Ctrl+U",在弹出的"色相/饱和度"对话框中设置参数(图3-79);最后在"图层"面板中调整"不透明度"为90%(图3-80)。

⑨完成效果如图3-80所示。

⑩完成后将文件保存。

图3-71

图3-72

图3-73

图3-74

图3-75

图3-76

图3-77

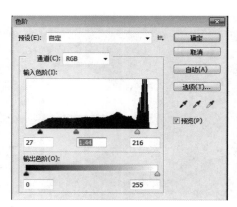

图3-78

图3-79

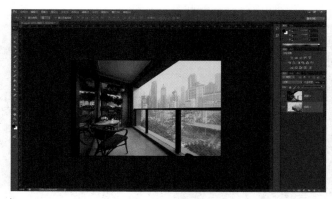

图3-80

第4章　Photoshop 图层、蒙版和通道

图层在前面章节中多次提到及用到，它是 Photoshop 非常核心的功能，承载了所有的 Photoshop 操作；蒙版原本是摄影术语，在 Photoshop 中主要用于图像区域的显示与隐藏，本章节学习图层与蒙版的应用方法。

4.1 了解图层

图层简单地说就是一张张透明的绘图纸，将包含不同对象的图纸叠加在一起，就得到所需要的图像，图 4-1 所示是由图 4-2、图 4-3、图 4-4 所示的图层中的对象所组成。

图4-1

图4-2

图4-3

图4-4

Photoshop 一共有 4 种图层类型，分别是背景图层、普通图层、文字图层和调整图层（图 4-5）。

背景图层：新建文件时，可以选择背景图层颜色为白色、背景色或透明（图 4-6），打开图像时，系统默认将该图像定义为背景图层（图 4-7）。

普通图层：单击"图层"面板下方"创建新图层"按钮，可以创建一个新图层，该图层即为普通图层，Photoshop 默认新建的图层是透明底，图层名称是按"图层＋阿拉伯数字从小到大顺序"命名（图 4-8）。如

果新建了多个普通图层，可以将图层任意改变叠加顺序，可在普通图层上添加和编辑图像，可以更改图层名称。

文字图层：使用工具组中"文字"工具时，系统会自动新建一个图层，这个图层就是文字图层。

调整图层：单击"图层"面板下方的"添加图层样式"或"创建新的填充或调整图层"按钮，可以创建调整图层和样式图层，该图层不放置图像信息，主要用于控制图像信息。"添加图层样式"对当前图层起作用，"创建新的填充或调整图层"对该图层以下所有图层起作用。

图4-5

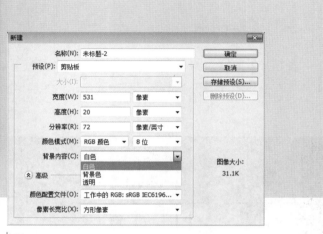

图4-6

图4-7

图4-8

4.2 图层的操作

4.2.1 图层面板

在 Photoshop 中，图层面板可完成新建图层、复制图层、删除图层、添加图层样式等所有图层编辑的操作（图4-9）。

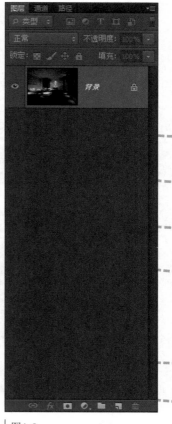

图4-9

课内练习

①打开本书配套资源"学习资源"→"ZY04"→"01.jpg"文件（图4-10）。

②打开"学习资源"→"ZY04"→"02.jpg"文件，并使用移动工具将"02.jpg"图像拖拽至"01.jpg"图像上（图4-11）。

③此时背景图层右侧有一个锁号，表示该图层处于锁定状态，直接打开图像时，系统默认将该图像定义为背景图层，并将其锁定，在该图层上双击，在弹出的"新建图层"对话框中单击"确定"按钮即可解锁，背景图层自动命名为"图层0"（图4-12）。未解锁的背景图层默认为图层最底部，新建图层是无法拖拽至最底层的。

④如果需要对某一图层单独进行锁定，可单击"图层"面板中"锁定"按钮，有4种锁定方式，分别为：锁定透明像素、锁定图像像素、锁定移动、锁定全部，图4-13所示是对"图层1"进行全部锁定，再次单击该按钮即可解锁。

⑤单击"图层"面板下方"创建新图层"按钮，即可在激活图层上方创建一个新图层，命名方式为"图层+阿拉伯数字从小到大顺序"（图4-14），选择某个图层，将其拖拽至"创建新图层"按钮并松开鼠标，可复制该图层，图4-15所示是将"图层1"进行复制，命名方式为"原图层名+副本"。选择某个图层，单击图层面板下方"删除图层"按钮，在弹出的对话框中单击"确定"按钮，即可删除该图层（图4-16）。

⑥每个图层左侧会有一个"眼睛"图标，用于该图层的显示与隐藏，默认图层都是显示状态，单击"眼睛"图标即可将该图层隐藏，图4-17所示是将"图层1"进行隐藏，再次单击即可恢复"眼睛"图标，该图层可显示。如果有多个图层，但只想显示其中某一个，可配合"Alt"键单击某个图层"眼睛"图标，则只会显示该图层图像，其余图层被隐藏，仅显示"图层1"（图4-18）。

⑦对图像进行编辑时，必须先选中该图像所在图层，图层被选中在"图层"面板中会用蓝色显示(图4-19)；如果图层较多且各图像产生叠加，在编辑过程中无法判断该图像属于哪个图层，可在需要被编辑的图像上单击右键，会弹出单击位置图像图层上下顺序(图4-20)，在画面中间单击右键，出现"图层1"和"图层0"依据图像叠加顺序，"图层1"在"图层0"上方，单击区域图像属于"图层1"。

⑧如果需要同时选择多个图层，可以配合"Ctrl"键依次选择(图4-21)，同时选择了"图层1"和"图层0"；还可配合"Shift"键，依次选择上下两个图层，这两个图层之间的图册都会被选择(图4-22)，配合"Shift"键单击"图册2"和"图册0"，它们之间的"图层1"也被选中。

⑨在解锁图层上双击，即可对该图层进行重命名(图4-23)。

⑩完成后将文件保存。

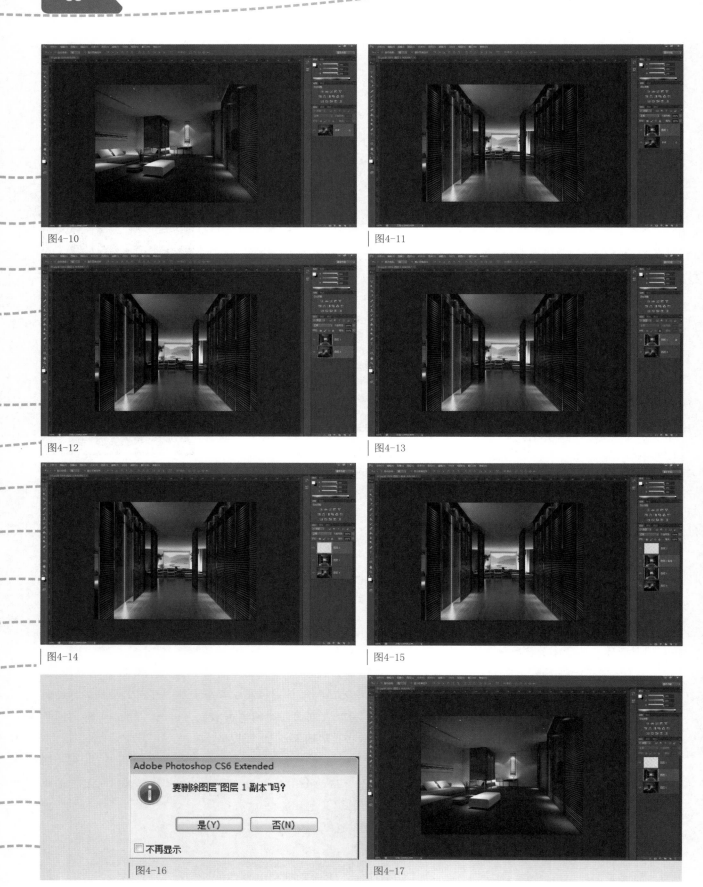

图4-10

图4-11

图4-12

图4-13

图4-14

图4-15

图4-16

图4-17

图4-18

图4-19

图4-20

图4-21

图4-22

图4-23

4.2.2 填充和调整图层

通过"图层"面板"创建新的填充或调整图层"按钮可以创建调整图层和填充图层，该图层是特殊图层，不包含图像信息，通过调整命令，可对该图层以下所有图层起作用(图4-24)；调整和填充图层的命令与"图像"→"调整"菜单命令非常类似（图4-25），区别在于"调整"菜单命令只针对某一个图层的图像起作用，而调整和填充图层是针对以下所有图层的图像起作用。

纯色…	亮度/对比度(C)…
渐变…	色阶(L)…　　　　　Ctrl+L
图案…	曲线(U)…　　　　　Ctrl+M
	曝光度(E)…
亮度/对比度…	
色阶…	自然饱和度(V)…
曲线…	色相/饱和度(H)…　　Ctrl+U
曝光度…	色彩平衡(B)…　　　 Ctrl+B
	黑白(K)　　Alt+Shift+Ctrl+B
自然饱和度…	照片滤镜(F)…
色相/饱和度…	通道混合器(X)…
色彩平衡…	颜色查找…
黑白…	
照片滤镜…	反相(I)　　　　　　Ctrl+I
通道混合器…	色调分离(P)…
颜色查找…	阈值(T)…
	渐变映射(G)…
反相	可选颜色(S)…
色调分离…	
阈值…	阴影/高光(W)…
渐变映射…	HDR 色调
可选颜色…	变化…
	去色(D)　　　　Shift+Ctrl+U
	匹配颜色(M)…
	替换颜色(R)…
	色调均化(Q)

图4-24 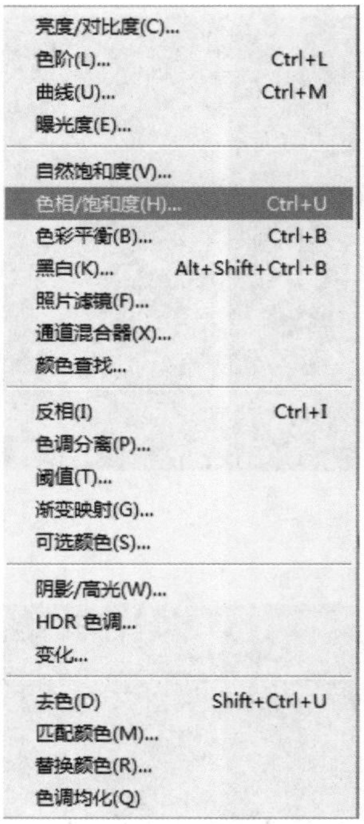　　　　　　　　　　　　　　图4-25

课内练习

①打开本书配套资源"学习资源"→"ZY04"→"03.jpg"文件(图4-26)。

②执行"图层"→"新建填充图层"→"纯色"菜单命令或单击"图层"面板"创建新的填充或调整图层"按钮中"纯色"命令,在弹出的"新建图层"对话框中单击"确定"(图4-27)。

③单击"确定"按钮后,在"拾色器"对话框中选择"灰紫色"(图4-28),完成后在"图层"面板中出现一个新的填充图层(图4-29)。

④选择新创建的填充图层,在"图层"面板中将"图层混合模式"设置为"柔光"(图4-30、图4-31)。

⑤单击"图层"面板下方"创建新的填充或调整图层"按钮,选择"曲线"命令,将亮度整体提亮(图4-32);再次选择"创建新的填充或调整图层"按钮,选择"色相/饱和度"命令(图4-33)。

⑥完成后将文件保存。填充和调整图层中如色阶、曲线等命令,调整效果和方法与"图像"→"调整"菜单命令效果是一样的,只不过针对的对象不同。

图4-26

图4-27

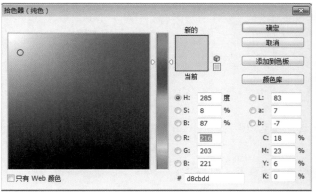

图4-28

图4-29

图4-30

图4-31

图4-32

图4-33

4.2.3 合并与盖印图层

如果一个Photoshop文件中含有过多的图层和图层样式，会占用非常多的计算机内存资源，导致操作响应速度下降，对于已经定稿的文件，在最终保存时可以将相同属性的图层进行合并，将一些用于参考或无用的图层进行删除。Photoshop"图层"菜单下提供了3个合并图层的命令，分别是"向下合并""合并可见图层"和"拼合图像"（图4-34）。

图4-34

课内练习

①执行组合键"Ctrl+N"，设置参数(图4-35)。

②新建"图层1"，在图像左侧创建正圆形选区，并填充红色（R:255、G:0、B:0）（图4-36）。

③将"图层1"复制一层，使用"移动工具"将其向右移动至中间位置（图4-37）。

④按住"Ctrl"键在"图层1副本"缩略图上单击右键，加载"图层1副本"圆的选区（图4-38），并填充绿色（R:0、G:255、B:0）（图4-39）。

⑤使用相同的方法制作"图层1副本2"的蓝色圆（R:0、G:0、B:255）(图4-40)。

⑥完成后将文件保存。

向下合并操作：选中"图层1副本2"，执行"图层"→"向下合并"菜单命令或组合键"Ctrl+E"，可见"图层1副本2"的蓝色圆图层和"图层1副本"绿色圆图层进行了合并，完成后执行"Ctrl+Z"撤回操作（图4-41）。

合并可见图层操作：单击"图层1副本"绿色圆图层"眼睛"图标，将该图层关闭显示(图4-42)，执行"图层"→"合并可见图层"菜单命令或组合键"Shift+Ctrl+E"，可见除被关闭的"图层1副本"外，其余可见图层都被合并(图4-43)，完成后执行组合键"Ctrl+Z"撤回操作。

拼合图像操作：观察此时"图层1副本"被关闭未显示，其余图层都是正常显示，执行"图层"→"拼合图像"菜单命令，会弹出"是否扔掉隐藏图层"对话框(图4-44)，单击确定(图4-45)，隐藏图层被删除了，完成后执行组合键"Ctrl+Z"撤回操作，显示"图层1副本"图层。

合并图层操作：按"Ctrl"键选择"图层1"和"图层1副本"(图4-46)，执行组合键"Ctrl+E"，可直接将选择的图层进行合并(图4-47)，完成后执行组合键"Ctrl+Z"撤回操作。

盖印图层操作：盖印图层的含义是将图层合并到一个新的图层，原图层保持不变。

按"Ctrl"键选择"图层1"和"图层1副本1"(图4-48)，执行"Ctrl+Alt+E"，可将选择的图层盖印(图4-49)，完成后执行组合键"Ctrl+Z"撤回操作。

选择"图层1副本2"，直接执行组合键"Ctrl+Alt+E"（图4-50），可将该图层内容盖印至下一图层内，完成后执行组合键"Ctrl+Z"撤回操作。

保持所有图层正常显示，执行组合键"Shift+Ctrl+Alt+E"，可将所有图层盖印到一个新图层中(图4-51)。

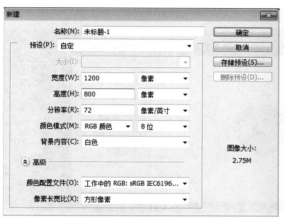

图4-35

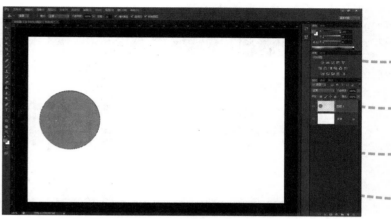

图4-36

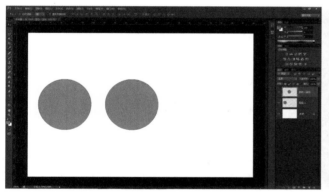

图4-37

图4-38

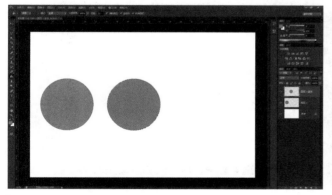

图4-39

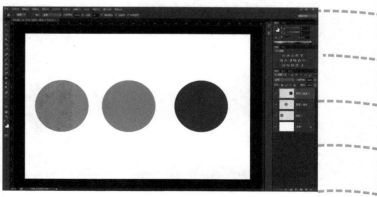

图4-40

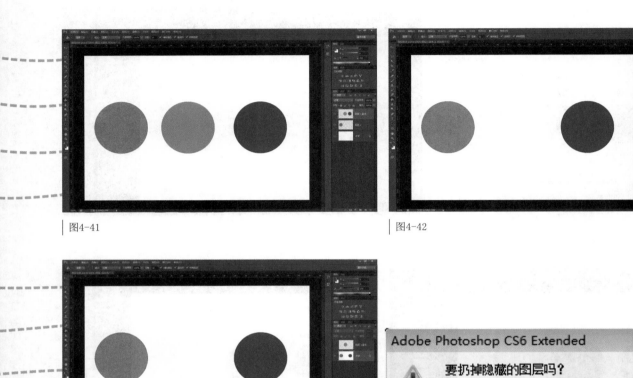

图4-41

图4-42

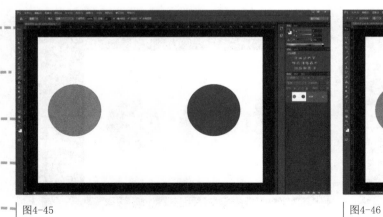

图4-43

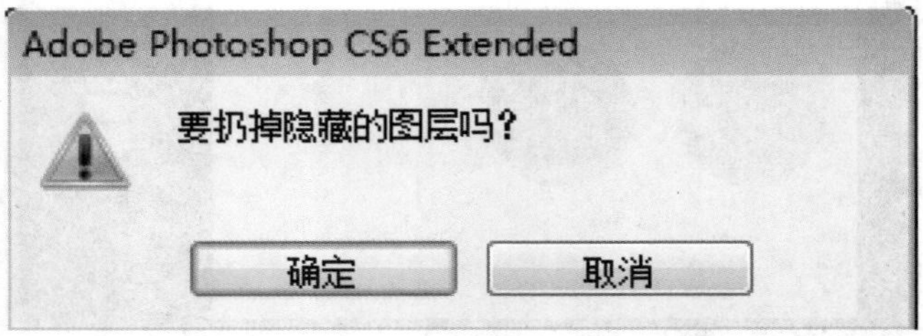

图4-44

图4-45

图4-46

图4-47

图4-48

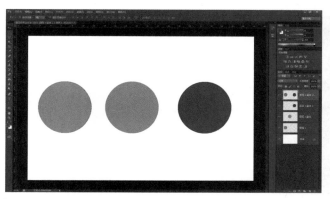

图4-49

图4-50

图4-51

为了方便管理图层，还可将同一类型的图层归到一个图层组，执行组合键"Ctrl+G"即可创建图层组（图4-52），执行组合键"Shift+Ctrl+G"即可取消图层组，图层组与图层的操作方法一致。

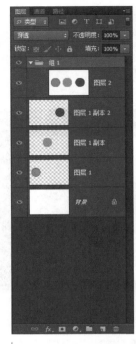

4.3 图层的混合模式

图层的混合模式主要用于两个以上的图层之间的混合效果，不同的混合模式决定了两个图层之间图像像素混合的计算方式，合理运用图层混合模式有助于调整出更好的效果图。

Photoshop"图层"面板提供了多种混合模式，默认混合模式为"正常"，对相类似的混合模式进行了区分，可以从混合模式下拉菜单进行选择（图4-53），下面主要介绍环境艺术设计专业常用的图层混合模式。

图4-52

4.3.1 正片叠底模式

"正片叠底"模式是对比两个图层中图像像素的颜色和亮度信息，最简单的理解就是黑色将被保留，白色将被去掉，常用"正片叠底"模式去掉素材中的白底或纠正图像的曝光效果。

图4-53

课内练习

①打开本书配套资源"学习资源"→"ZY04"→"正片叠底.psd"文件（图4-54）。

②选择"图层1"，设置混合模式为"正片叠底"（图4-55）。

③与"正片叠底"混合模式同为一组的"变暗""颜色加深""线性加深"和"深色"其混合原理基本相同，简单理解均为"去白底"效果，可以在图层混合模式下拉菜单中直接选择，图4-56所示是"变暗"混合效果，图4-57所示是"颜色加深"混合效果，图4-58所示是"线性加深"混合效果，图4-59所示是"深色"混合效果，读者朋友可以对比观察该组图层混合模式的差别。

图4-54

图4-55

图4-56

图4-57

图4-58

图4-59

4.3.2 变亮模式

"变亮"模式及该组图层混合模式，与"正片叠底"模式及该组图层混合模式相反，是用上方图层较亮的像素替代下方图层中与之相应较暗的像素，简单理解就是"去黑底"或去除较暗的区域效果，使整个图像变亮。

课内练习

①打开本书配套资源"学习资源"→"ZY04"→"变亮.psd"文件（图4-60）。

②选择"图层1"，设置混合模式为"变亮"(图4-61)。

③与"变亮"混合模式同为一组的"滤色""颜色减淡""线性减淡（添加）""浅色"其混合原理基本相同，简单理解均为"去黑底"效果，可以直接在图层混合模式下拉菜单中直接选择，图4-62所示是"滤色"混合效果，图4-63所示是"颜色减淡"混合效果，图4-64所示是"线性减淡（添加）"混合效果，图4-65所示是"浅色"混合效果，读者朋友可以对比观察该组图层混合模式的差别。

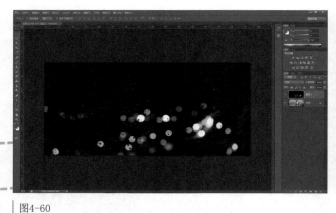

图4-60

图4-61

图4-62

图4-63

图4-64

图4-65

4.3.3 柔光模式

"柔光"模式是根据两个图层的像素颜色，使图像亮部更亮、暗部更暗，增加对比度的效果。

课内练习

①打开本书配套资源"学习资源"→"ZY04"→"07.jpg"文件(图4-66)。

②将背景图层复制一层(图4-67)。

③选择"图层1"，设置混合模式为"柔光"(图4-68)。可看到图像亮部更亮、暗部更暗，对比效果更强。

④选择"图层1"，设置混合模式为"强光"(图4-69)。"强光"模式对比效果比"柔光"模式更强，类似聚光灯打在画面上的效果，画面对比度、饱和度都更强。

⑤选择"图层1"，设置混合模式为"亮光"(图4-70)。"亮光"模式是通过增加或减小底层的对比度来加深或减淡颜色和亮度，画面饱和度和对比度都过强，可通过降低"图层" 面板中"不透明度"来实现调整图像效果(图4-71)。"线性光"模式与"亮光"非常类似（图4-72）。

图4-66

图4-67

图4-68

图4-69

图4-70

图4-71

图4-72

4.3.4 色相混合模式

"色相"混合模式是根据下图层图像的亮度和饱和度，与上图层色相进行混合，对于黑白灰不起作用。

课内练习

①打开本书配套资源"学习资源"→"ZY04"→"08.jpg"文件（图4-73）。

②新建"图层1"并设置前景色为灰蓝色（图4-74）。

③使用"油漆桶"工具或组合键"Alt+Delete"填充前景色（图4-75）。

④选择"图层1"，设置混合模式为"色相"（图4-76），改变"图层1"颜色（图4-77）。

⑤选择"图层1"，设置混合模式为"饱和度"（图4-78），"饱和度"模式是根据下图层图像的亮度和色相，与上图层饱和度进行混合，对于图像本身的色彩无关联，仅改变图像的饱和度，改变"图层1"的饱和度（图4-79）。

图4-73

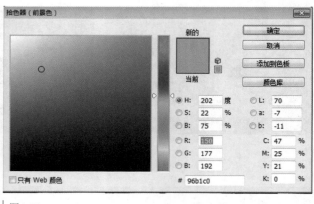

图4-74

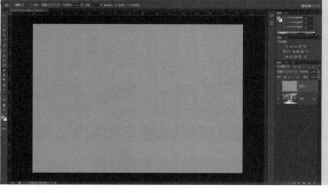

图4-75

图4-76

图4-77

图4-78

图4-79

4.3.5 颜色混合模式

"颜色"混合模式是根据下图层图像的亮度，与上图层色相和饱和度进行混合，可以保留图像的灰色中间调，同时利用该模式可以给图像重新着色。

课内练习

①打开本书配套资源"学习资源"→"ZY04"→"09.jpg"文件（图4-80）。

②拖拽"背景"图层至"创建新图层"按钮或执行组合键"Ctrl+J"将背景图层复制一层（图4-81）。

③执行"图像"→"调整"→"去色"菜单命令或组合键"Ctrl+Shift+U"将背景副本层去色(图4-82)。

④新建"图层1"，设置"前景色"为暖黄色，并填充至"图层1"，将"图层1"混合模式改为"颜色"(图4-83)。

⑤新建"图层2"，执行组合键"Ctrl+A"全选，此时在图像四周出现蚂蚁线，表示为整个图像创建了选区，执行"选择"→"修改"→"边界"菜单命令，在弹出的"边界"对话框中设置"宽度"为80(图4-84)。

⑥执行组合键"Ctrl+Shift+I"，此时选区为图像中间大部分区域，我们需要将图像四周压深，因此需要选择的是图像四周边缘，再次执行组合键"Ctrl+Shift+I"反选，将画面四周宽度创建选区（图4-85）。

⑦图像四周创建选区后，需要将该区域进行羽化，执行"选择"→"修改"→"羽化"或组合键"Shift+F6"，在弹出的"羽化选区"对话框中，设置"羽化半径"为100(图4-86)。

⑧按"D"键或将前景色设置为黑色，执行组合键"Alt+Delete"，将前景色填充到选区(图4-87)，如果想

强化四边加深效果，可将"图层2"再次复制一层(图4-88)。

　　⑨最后，执行组合键"Shift+Ctrl+Alt+E"，可将所有图层盖印到一个新图层中(图4-89)。

　　⑩完成后将文件保存。

图4-80

图4-81

图4-82

图4-83

图4-84

图4-85

图4-86

图4-87

图4-88

图4-89

4.4 图层样式

图层样式可以制作该图层图像的纹理、质感、阴影、特效等效果，当图层应用图层样式时，"图层"面板右侧会出现"图层样式"图标。在Photoshop中提供了3种添加图层样式的方法。

1.打开"图层"→"图层样式"下拉菜单，可以选择一个效果命令(图4-90)，即可选择"图层样式"对话框，进入相应的设置面板。

2.在"图层"面板下方单击"添加图层样式"按钮，打开下拉菜单，可以选择一个效果命令(图4-91)，即可进入"图层样式"对话框，进入相应的设置面板。

3.在"图层"面板中双击图层缩略图，即可进入"图层样式"对话框，进入相应的设置面板。

背景图层不能使用图层样式，需要将背景图层转为普通图层才可添加图层样式。

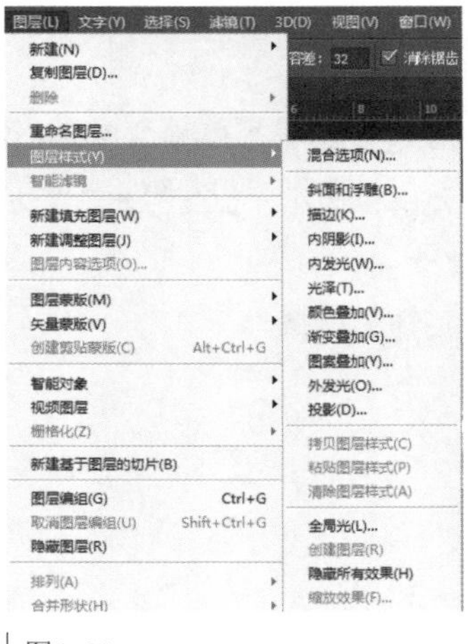

图4-90

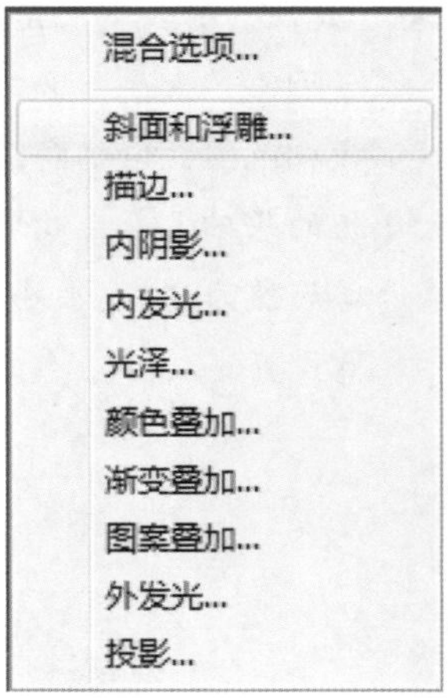

图4-91

4.4.1 图层样式对话框

图层添加图层样式后，即可进入"图层样式"对话框(图4-92)，"图层样式"对话框左侧有10种效果，可对效果前的复选框进行勾选，开启该效果；效果开启后，单击该效果，对话框右侧会显示对应的选项，进入"投影"效果选项(图4-93)。

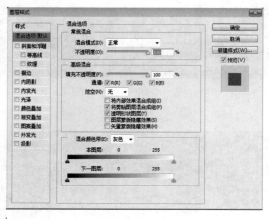

图4-92

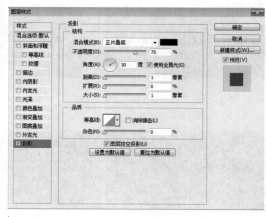

图4-93

4.4.2 投影

投影效果可以为图层图像添加投影，使其产生立体感。

课内练习

①执行组合键"Ctrl+N"，新建新文档参数(图4-94)。

②在图中单击"文字工具"，输入"Photoshop"，在工具栏中调整合适的字体和大小(图4-95)。

③在"图层"面板下方单击"添加图层样式"按钮，打开下拉菜单，选择"投影"效果命令(图4-96)，进入"图层样式"对话框中"投影"选项进行效果设置。

④调整"距离"数值为10像素，观察投影效果，距离数值越大，投影与原对象的距离就越远，反之投影与原对象距离就越近(图4-97)；调整"角度"参数，用于设置投影应用于图层的光照角度，图4-98所示角度为135°效果，图4-99所示为-66°效果。

⑤调整"大小"和"扩展"参数，图4-100所示为大小值10像素，扩展值15%的效果；"大小"用于设置投影模糊范围，值越高，模糊范围越大，反之模糊范围越小；"扩展"用于设置投影扩展范围，扩展值必须在大小值的基础上产生效果，如果大小值为0，无论怎么设置扩展，都不会产生效果；图4-101所示距离值为30像素，扩展值为35%，大小值为20像素。

⑥设置完成后，单击确定，并将文件保存。

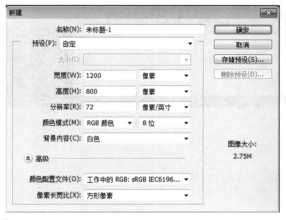

图4-94

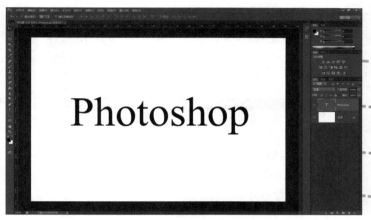

图4-95

图4-96

图4-97

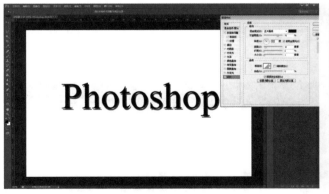

图4-98

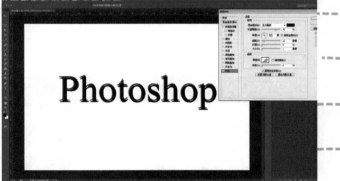

图4-99

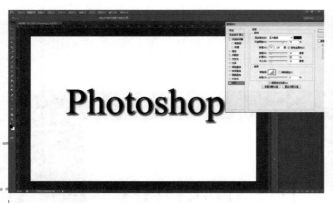

图4-100

图4-101

4.4.3 斜面和浮雕

"斜面和浮雕"样式可以为图层添加高光和阴影，用于制作半立体浮雕的效果。

课内练习

①接着上一个练习，为方便观察效果，使用"文字工具"选择"Photoshop"字体，在工具栏中更换较粗的字体和大小(图4-102)。

②打开"图层样式"对话框，去掉"投影"效果样式的勾选，开启"斜面和浮雕"效果样式的勾选(图4-103)。

③设置"大小"值为10像素、"软化"值为3像素(图4-104)，"大小"值用于设置斜面和浮雕中阴影面积大小，"软化"值用于设置斜面和浮雕的柔和程度，值越高，效果越柔和。

④"样式"选项下拉列表中还包含几种"斜面和浮雕"的样式："外斜面"可在图层对象外侧创建斜面(图4-105)；"浮雕效果"可使图层对象相对于下层图层呈现浮雕效果(图4-106)；"枕状浮雕"可使图层对象边缘相对于下层图层呈现浮雕效果(图4-107)。

⑤"描边浮雕"效果需先开启"描边"样式，设置描边颜色和大小(图4-108、图4-109)。

⑥单击"图层样式"对话框左侧"等高线"选项，可以切换到"等高线"设置页面，使用等高线可以勾画在浮雕中被遮住的起伏、凹陷和凸起效果（图4-110）。

⑦单击"图层样式"对话框左侧"纹理"选项，可以切换到"纹理"设置页面，可在"图案"下拉面板中选择一个图案，将其应用在斜面和浮雕效果上（图4-111）。

⑧设置完成后，单击确定，并将文件保存。

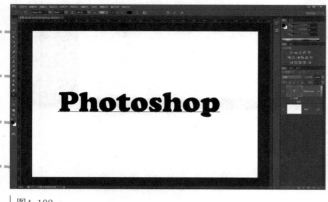

图4-102

图4-103

图4-104

图4-105

图4-106

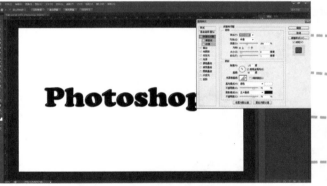

图4-107

图4-108

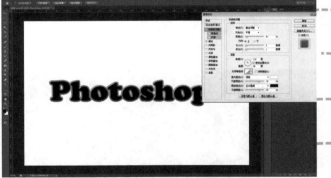

图4-109

图4-110　　　　　　　　　　　　　　　　　　　图4-111

4.4.4 内发光和外发光

　　"内发光"样式可以用于沿图层对象的边缘向内创建发光效果，"外发光"样式表示从边缘向外创建发光效果。

课内练习

　　①接着上一个练习，为方便观察效果，使用"文字工具"选择"Photoshop"字体，更换文字颜色为灰蓝色，背景图层颜色为黑色（图4-112）。

　　②打开"图层样式"对话框，去掉"斜面和浮雕"效果样式的勾选，开启"内发光"勾选（图4-113）。

　　③设置"大小"值为16像素，"阻塞"值为17像素（图4-114），"大小"值用于光照面积大小，"阻塞"值用于光照受阻的程度，值越高，光照范围越小；"源"用于控制发光的位置，"居中"表示从对象中心发光，向边缘扩散，"边缘"表示从对象边缘发光，向中心收缩。

　　④去掉"内发光"效果样式的勾选，开启"外发光"效果样式的勾选（图4-115）。

　　⑤如图4-116所示为外发光效果和参数，"杂色"用于在发光中随机添加杂色，使光效有颗粒感，"扩展"和"大小"用于控制发光范围和光晕范围的大小。

　　⑥设置完成后，单击确定，并将文件保存。

图4-112

图4-113

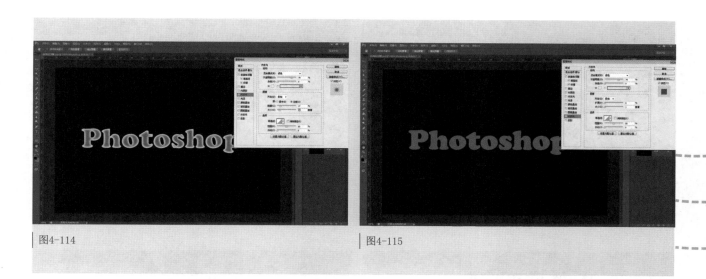

图4-114　　　　　　　　　　　图4-115

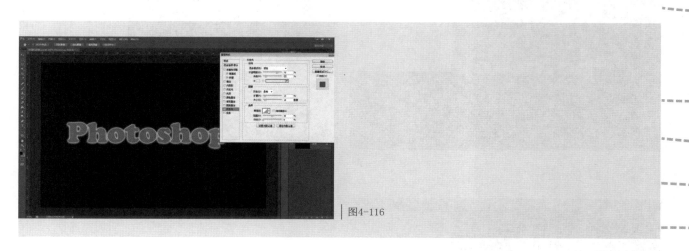

图4-116

4.4.5 渐变叠加

"渐变叠加"样式可以用于在图像上叠加指定渐变颜色效果。

课内练习

①接着上一个练习，打开"图层样式"对话框，去掉"外发光"效果样式的勾选，开启"渐变叠加"效果样式的勾选（图4-117）。

②打开"渐变"下拉样式，选择已定义好的渐变样式（图4-118）。

③可通过设置"角度"来调整渐变的角度，设置"缩放"来调整渐变样式的大小（图4-119）。

④类似的还有"颜色叠加"效果、"图案叠加"效果，从字面上很好理解，操作方法与"渐变叠加"一致，此处不再讲述，有兴趣的读者朋友可依据"图案叠加"的操作方法进行尝试操作（图4-120、图4-121）。

⑤设置完成后，单击确定，并将文件保存。

图4-117

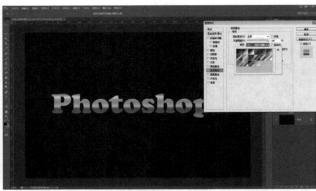

图4-118

图4-119

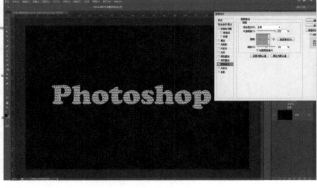

图4-120

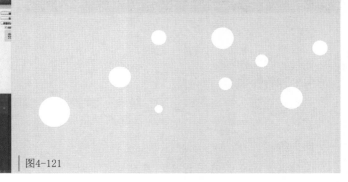

图4-121

4.5 蒙版

4.5.1 了解蒙版

蒙版是一种灰度图像，其作用就像一块布，可以对图像的某个区域进行遮盖，对其他区域进行编辑操作，保护遮盖部分不受影响，遮盖部分只是被隐藏，而非被删除，因此蒙版是一种非破坏原图的编辑工具(图4-122)。

蒙版是Photoshop中非常难理解的术语，它是Photoshop借用的传统印刷行业术语之一，无论是简单的还是复杂的蒙版，都是一种选择区域，它与其他常用的选择工具有较大的区别。

4.5.2 蒙版属性面板

蒙版属性面板用于调整所选图层中的图层蒙版和矢量蒙版的不透明度、羽化范围、蒙版选区、蒙版应用等设置(图4-123)。

图4-122

图4-123

课内练习

①打开本书配套资源"学习资源"→"ZY04"→"10.jpg"文件(图4-124)。

②使用"魔棒"工具，配合"加选"，为图中背景建立选区，执行组合键"Ctrl+Shift+I"进行反选，选中椅子区域(图4-125)。

③单击"图层"面板下方"添加图层蒙版"按钮，为选区添加图层蒙版(图4-126)，此时选区以外的区域被蒙版遮盖，图层缩略图右侧出现了"图层蒙版预览图"，黑色遮盖白色显示。

④双击"图层蒙版预览图"，弹出"蒙版属性"面板(图4-127)，面板下方有4个按钮，从左至右分别是"从蒙版中载入选区""应用蒙版""停用/启用蒙版""删除蒙版"。单击"从蒙版中载入选区"按钮，可从蒙版中载入选区(图4-128)；单击"停用/启用蒙版"按钮，可停用蒙版，蒙版预览图上出现一个红色的×号，原被遮盖的背景图像也显示出来了(图4-129)，再次单击该按钮可启用蒙版；单击"应用蒙版"按钮，可将蒙版应用到图像中，删除被蒙版遮盖的图像(图4-130)；单击"删除蒙版"按钮，可将蒙版删除，恢复原图像(图4-131)，也可将蒙版预览图拖拽至"图层"面板底部的"删除图层"按钮，删除蒙版。

⑤设置完成后将文件保存。

图4-124

图4-125

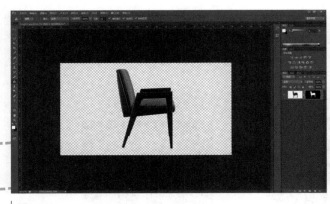

图4-126

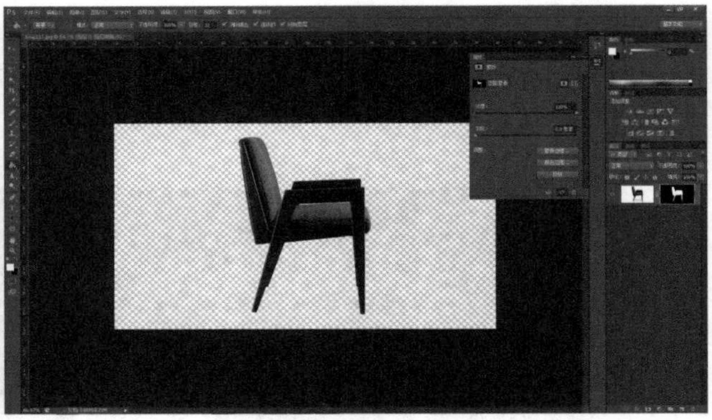

图4-127

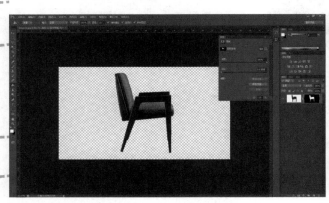

图4-128

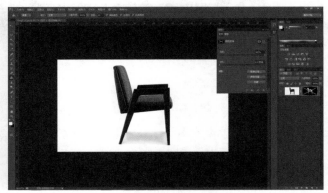

图4-129

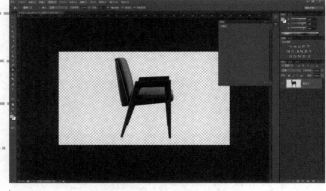

图4-130

图4-131

4.5.3 图层蒙版

　　在上一个课堂练习中已经提到了"图层蒙版"的使用方法，如果在使用"图层蒙版"之前已经对图像进行了选区，那么蒙版会依据选区进行显示和遮盖处理，如果没有选区使用"图层蒙版"，那么默认蒙版是一张全白图，意思是图像全部显示，我们可以使用各种填色工具使"黑白灰"在"蒙版预览图"上填色，来自由决定图像的遮盖与显示。

课内练习

①打开本书配套资源"学习资源"→"ZY04"→"11.jpg"文件(图4-132)。

②在背景图层上双击，在弹出的"新建图层"上单击确定，将背景图层转为普通图层(图4-133)。

③新建"图层1"将其填充为黑色，并将"图层1"拖拽至"图层0"下方(图4-134)。

④在"图层0"上创建"图层蒙版"(图4-135)。

⑤选择"工具组"上的"渐变工具"（图4-136），单击"工具栏"上"可编辑渐变样式"，弹出"渐变编辑器"对话框(图4-137)，渐变样式默认为"前景色到背景色渐变"，按住"Ctrl"键在色条下方中间位置单击鼠标左键，增加一个"色标"控制滑块，并将"色标滑块"的位置设置在50%(图4-138)，选择右下方"色标滑块"，将其颜色设置为黑色(图4-139)，完成后单击确定。

⑥单击"蒙版预览图"，使用"渐变工具"在图像中间位置从上往下拖拽，可见"蒙版预览图"上出现了"黑—灰—白—灰—黑"的渐变效果，对应图像上"完全遮盖（透明）—半遮盖（半透明）—完全显示半遮盖（半透明）—完全遮盖（透明）"的效果；完全遮盖部分露出了"图层1"的黑色(图4-140)。

⑦还可从水平方向制作渐变效果(图4-141)，斜对角制作渐变效果(图4-142)。可根据需要编辑渐变样式，通过图层蒙版制作各种渐变及图像之间透叠的效果。还可依据遮盖与显示的区域，使用"画笔"工具在"图层蒙版"上进行涂抹，进行自由地遮盖与显示效果制作。需要注意的是："图层蒙版"上只可进行"黑白灰"颜色填涂，即使用了彩色也会被转换为灰度值来决定遮盖效果。

⑧设置完成后将文件保存。

图4-132

图4-133

图4-134

图4-135

图4-136

图4-137

图4-138

图4-139

图4-140

图4-141

图4-142

4.5.4 剪贴蒙版

"剪贴蒙版"由底层图层和内容图层构成,用底层图层的像素区域来限制内容图层的显示范围。

课内练习

①打开本书配套资源"学习资源"→"ZY04"→"12.jpg"文件(图4-143)。

②在背景图层上双击,在弹出的"新建图层"上单击确定,将背景图层转为普通图层(图4-144)。

③使用"文字工具"在画面中输入"Photoshop"字样,设置较粗的字体和大小(图4-145)。

④将文字图层拖拽至"图层0"下方,选择"图层0",执行"图层"→"创建剪贴蒙版"菜单命令或组合键"Alt+Ctrl+G"即可创建剪贴蒙版(图4-146),此时"图层"面板上"图层0"有一个箭头指向下方图层,含义是以下方图层的轮廓选区作为上方图层的显示范围。

⑤执行组合键"Alt+Ctrl+G"可释放"剪贴蒙版"。

⑥设置完成后将文件保存。

剪贴蒙版适用于任何经过编辑的选区对象,需要注意底层图层和内容图层的排列顺序,内容图层在上,底层图层为选区对象,常用于制作特殊选区内的图像套叠效果。

图4-143

图4-144

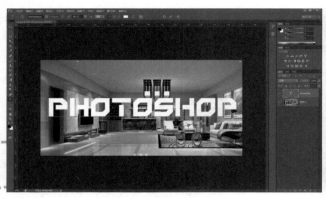

图4-145

图4-146

4.5.5 快速蒙版

快速蒙版也称为临时蒙版，它并不是一个选区，是创建、编辑选区的临时环境，可以用于快速创建选区，快速蒙版不能保存所创建的选区，如果要永久保存选区的话，必须将选区储存为Alpha通道。

课内练习

①打开本书配套资源"学习资源"→"ZY04"→"12.jpg"文件(图4-147)。

②双击"工具组"下方的"以快速蒙版模式编辑"按钮，弹出"快速蒙版"选项(图4-148)，在默认情况下，"快速蒙版"受保护区域为红色，不透明度为50%，这些参数是可以修改的。

③单击"以快速蒙版模式编辑"按钮，进入快速蒙版编辑模式，使用"文字工具"，在图像中输入"Photoshop"字样，设置较粗的字体和合适的大小(图4-149)，可见文字区域创建了选区，且属于蒙版保护区域。

④单击"图层"面板中"通道"按钮，在"通道"面板中，自动生成了一个临时的"快速蒙版"通道(图4-150)；如果此时单击"以快速蒙版模式编辑"按钮，退出快速蒙版编辑模式，该通道消失，但会保留图像选区(图4-151)。

⑤如果希望永久保存选区，则需要将选区储存为Alpha通道。图4-152所示是在快速蒙版编辑模式下，选区存在，单击"通道"面板下"将选区存储为通道"按钮，即可将选区存储为Alpha通道(图4-153)。

⑥退出快速蒙版编辑模式，执行组合键"Ctrl+D"取消选区，图像还原成初始状态(图4-154)，需要载入保存的选区，按住"Ctrl"键在Alpha通道预览图上单击鼠标左键，即可载入保存的选区(图4-155)。

⑦设置完成后将文件保存。

图4-147

图4-148

图4-149

图4-150

图4-151

图4-152

图4-153

图4-154

图4-155

4.6 通道

4.6.1 了解通道

通道是Photoshop一个非常重要的概念和功能，Photoshop通道是用来保存颜色信息和选区的载体，通过通道可以选择一些较为复杂的物体，通过对单色通道进行管理和编辑调整，可以辅助建立选区。

"通道"面板如图4-156所示，Photoshop可以通过"通道"面板来创建、保存和管理通道，Photoshop提供了3种类型的通道：颜色通道、Alpha通道和专色通道。

颜色通道：用于记录图像颜色信息的通道。

Alpha通道：用于保存选区的通道。

专色通道：用于记录专色油墨的通道。

RGB	Ctrl+2	
红	Ctrl+3	
绿	Ctrl+4	
蓝	Ctrl+5	
专色 1	Ctrl+6	
Alpha 1	Ctrl+7	

图4-156

一个图像最多可以包含56个通道，只要以支持图像颜色模式的格式存储文件，即可保存颜色通道，只有以PSD、PDF、PICI、PIXAR、RAW、TGA格式存储的文件才能保留Alpha通道，DCS 2.0格式只保留专色通道，以错误的格式存储文件会导致通道丢失。

4.6.2 颜色通道

Photoshop颜色通道即常见也重要，默认RGB颜色模式创建文件可包含红、绿、蓝3个通道，可以保存和管理图像颜色信息，图像的颜色模式决定"颜色通道"的数目和类型。

课内练习

①打开本书配套资源"学习资源"→"ZY04"→"13.jpg"文件，进入"通道"面板（图4-157）。

②按住"Ctrl"键单击蓝色通道预览图，即为蓝色通道快速选区（图4-158）。

③保持选区，单击"通道"面板中"RGB通道"，回到RGB复合通道彩色显示，切换到"图层"面板，执行组合键"Ctrl+J"，将选中对象复制到新图层（图4-159）。

④选中"图层1"，执行"滤镜"→"模糊"→"高斯模糊"菜单命令，设置参数（图4-160）。

⑤将"图层1"混合模式改为"滤色"，并将"图层1"拖拽至"图层"面板下方，点击"创建新图层"按

钮，将其复制一层（图4-161）。

⑥将"图层1副本"的混合模式改为"颜色减淡"（图4-162），将"图层1副本"不透明度改为35%左右，把"图层1"不透明度改为75%左右（图4-163）。

⑦设置完成后将文件保存。

图4-157

图4-159

图4-160

图4-161

图4-162

图4-163

4.6.3 Alpha通道

Alpha通道主要用于保存选区，创建以后可以反复使用，创建方法参见4.5.5快速蒙版章节，需要注意的是Alpha通道要以对应的格式进行保存，否则将会丢失Alpha通道。

本章节练习

①执行组合键"Ctrl+N"，新建如图4-164所示参数的新文档。

②使用"文字工具"在图中单击，输入"Photoshop"，在工具栏中调整合适的字体和大小(图4-165)。

③为文字图层添加"图层样式"→"投影"，设置"角度"为120°，"距离"为8像素，"扩展"为12%，"大小"为10像素(图4-166)。

④为文字图层添加"图层样式"→"渐变叠加"，取消勾选"与图层对齐"，设置"角度"为130°，"缩放"为50%，"渐变"样式选择七彩色(图4-167)。

⑤为文字图层添加"图层样式"→"斜面和浮雕"，"大小"为10像素，"软化"为2像素，参数和效果如图4-168所示。

⑥为文字图层添加"图层样式"→"内发光"，"混合模式"为正常，"不透明度"为45%，"发光颜色"为白色，"阻塞"为14%，"大小"为16像素(图4-169)。

⑦完成效果如图4-170所示。

⑧完成后将文件保存。

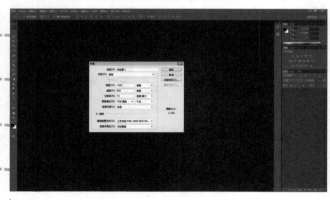

图4-164   图4-165

图4-166

图4-167

图4-168

图4-169

图4-170

本章节练习

　　在制作室内外设计图册或展板时，经常会放置CAD的施工图纸，往往这些CAD图纸都会带白底，直接放置在版式设计后的图层或展板内是与整体不协调的，特别是带有底色或底纹的版面，这就需要在Photoshop中去除白底，只保留黑色的图纸内容部分，因为CAD绘制的线条非常细，采用"魔棒""色彩范围"等常规选区抠图的方法效果往往不理想，通过此练习，运用已学知识掌握快速去白底的方法。

　　①执行组合键"Ctrl+N"，新建新文档(图4-171)。

　　②设置"前景色"为灰蓝色(图4-172)，执行组合键"Alt+Delete"键填充至画面。

③打开本书配套资源"学习资源"→"ZY04"→"14.jpg"文件，使用"移动工具"将其拖拽至新建的文档(图4-173)，因为有底色，CAD图纸中的白底就显得非常难看。

④将"图层1"混合模式改为"正片叠底"，直接去除白底(图4-174)，原理可参看"正片叠底"章节，同样的方法，可使用"变亮""滤色"等图层混合方式去除黑底。

⑤完成后将文件保存。

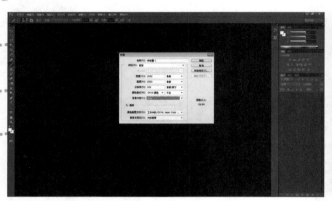

图4-171

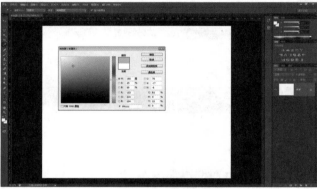

图4-172

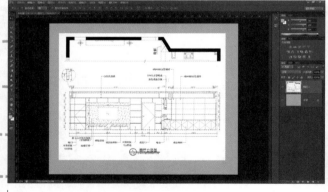

图4-173

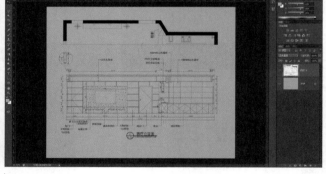

图4-174

第5章　Photoshop 滤镜

滤镜是 Photoshop 非常有意思的功能，Photoshop 内置滤镜种类很多，还支持众多的外挂滤镜，在环境艺术设计和室内设计中应用不多。本章节主要介绍滤镜的基本应用知识、应用技巧，通过学习了解滤镜的基础知识以及应用技巧，熟悉并掌握各种滤镜组的艺术效果，以便能快速、准确地编辑出所需的图像效果。

5.1 了解滤镜

5.1.1 滤镜基本知识

滤镜原本是一种摄影器材 (图 5-1)，它是安装在照相机的镜头前面用于过滤自然光的附加镜头，可以影响照片的色彩或产生特殊的拍摄效果。

在 Photoshop 中滤镜主要是用来实现图像的各种特殊效果，它在 Photoshop 中具有非常神奇的作用。所有的滤镜在 Photoshop 中都按分类放置在菜单中，使用时只需要从该菜单中执行命令即可。滤镜的操作是非常简单的，但是真正用起来却很难恰到好处。滤镜通常需要同通道、图层等联合使用，才能取得最佳艺术效果。如果想在适当的时候应用滤镜到合适的位置，除了平常的美术功底之外，还需要用户掌握对滤镜的熟悉和操控能力，甚至需要具有很丰富的想象力。这样，才能有的放矢地应用滤镜，发挥出艺术才华。

图5-1

5.1.2 滤镜的使用

Photoshop 中有一百多个滤镜，它们都在 "滤镜" 菜单中 (图 5-2)，当需要使用某个滤镜时，直接执行菜单命令即可。

执行滤镜后，会弹出该滤镜名称对话框，图 5-3 所示是执行 "高斯模糊" 滤镜命令，"预览框" 中可以预览滤镜的效果，可以通过 "+" 和 "-" 来放大和缩小显示比例，并可在预览框内拖动图像，还可在文档图像上单击，滤镜预览框中就会显示单击位置的图像 (图 5-4)。调整滤镜的参数后，按住 "Alt" 键，可将 "取消" 按钮变成 "复位" 按钮 (图 5-5)，单击可将参数恢复到初始状态。

使用一个滤镜后，"滤镜" 菜单中第一行会出现该滤镜的名称，如需再次使用，可直接执行组合键 "Ctrl+F" 快速应用该滤镜 (图 5-6)，如果要修改滤镜参数，可执行组合键 "Alt+ Ctrl+F"，打开滤镜对话框重新设置参数。

在应该滤镜过程中，如果要放弃执行该滤镜，直接按键盘 "Esc" 键即可。

图5-2

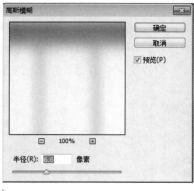

图5-3

图5-4

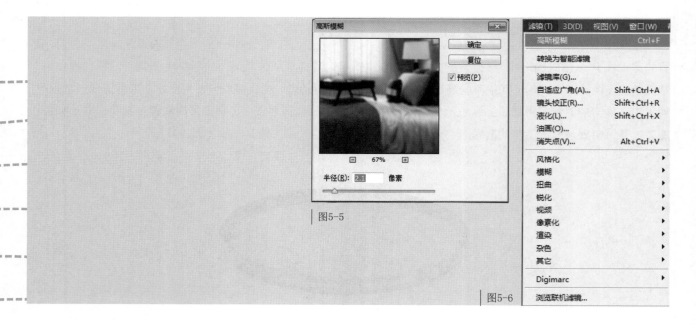

图5-5

图5-6

5.2 滤镜组

5.2.1 滤镜库

"滤镜库"将 Photoshop 部分滤镜合并
在一起，可通过"预览"窗口查看图像滤镜
效果，可以同时使用不同的滤镜，同一个滤
镜可以多次应用（图 5-7）。

图5-7

1. 滤镜库基本操作

课内练习

①打开本书配套资源"学习资源"→"ZY05"→"01.jpg"文件(图5-8)。

②执行"滤镜"→"滤镜库"菜单命令,"滤镜库"左侧为"预览"窗口,中间为滤镜类型,右侧为滤镜的参数设置面板,如需要调整预览图大小,可以在"预览"窗口上单击右键,在弹出的选项中选择合适的比例(图5-9),还可通过"预览"窗口左下角比例调整"+""－""数值栏"进行调整。

③单击右下方"新建效果图层"按钮,可以添加一个"滤镜"图层,在窗口中间选择需要的滤镜类型,图5-10所示是选择了"画笔描边"→"喷色描边"滤镜。

④如果需要叠加滤镜效果,可以再次单击"新建效果图层"按钮,在窗口中间选择需要的滤镜类型,图5-11所示是在"画笔描边"→"喷色描边"滤镜的基础上叠加了"画笔描边"→"阴影线"滤镜,使用相同的方法可以叠加多个滤镜效果,如果对叠加的滤镜不满意,直接选中该滤镜层,单击右下角的"删除效果图层"按钮。

图5-8

图5-9

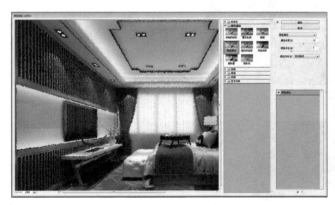

图5-10

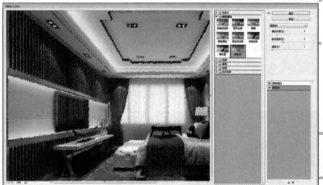

图5-11

2. 画笔描边滤镜组

"画笔描边"滤镜组包含了"成角的线条""墨水轮廓""喷溅""喷色描边""强化的边缘""深色线条""烟灰墨""阴影线"共8种滤镜效果,主要用于表现不同的笔画和油墨笔触效果(图5-12至图5-19)。

图5-12

图5-13

图5-14

图5-15

图5-16

图5-17

图5-18

图5-19

3.扭曲滤镜组

　　"扭曲"滤镜组包含了"玻璃""海洋波纹""扩散亮光"3种滤镜效果，主要通过像素的扭曲来表现波纹和光线效果(图5-20至图5-22)。

图5-20

图5-21

图5-22

4.素描滤镜组

　　"素描"滤镜组包含了"半调图案""便条纸""粉笔和炭笔""铬黄渐变""绘图笔""基底凸现""石膏效果""水彩画纸""撕边""炭笔""碳精笔""图章""网状""影印"共14种滤镜效果。主要使用前景色和背景色将原图色彩置换，表现各种素描效果(图5-23至图5-36)。

图5-23

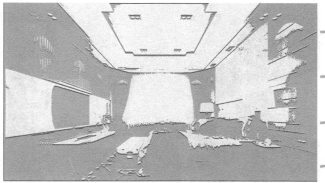

图5-24

图5-25

图5-26

图5-27

图5-28

图5-29

图5-30

图5-31

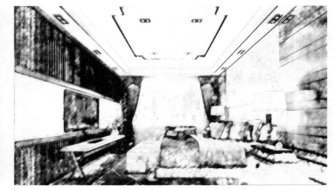

图5-32

图5-33

图5-34

图5-35

图5-36

5.纹理滤镜组

"纹理"滤镜组包含了"龟裂纹""颗粒""马赛克拼贴""拼缀图""染色玻璃""纹理化"共6种滤镜效果，主要表现各种纹理效果(图5-37至图5-42)。

图5-37

图5-38

图5-39

图5-40

图5-41

图5-42

6.艺术效果滤镜组

"艺术效果"滤镜组包含了"壁画""彩色铅笔""粗糙蜡笔""底纹效果""调色刀""干画笔""海报边缘""海绵""绘画抹布""胶片颗粒""木刻""霓虹灯光""水彩""塑料包装""涂抹棒"共15种滤镜效果。主要使用前景色和背景色将原图色彩置换，表现各种素描效果(图5-43至图5-57)。

图5-43

图5-44

图5-45

图5-46

图5-47

图5-48

图5-49

图5-50

图5-51

图5-52

图5-53

图5-54

图5-55

图5-56

图5-57

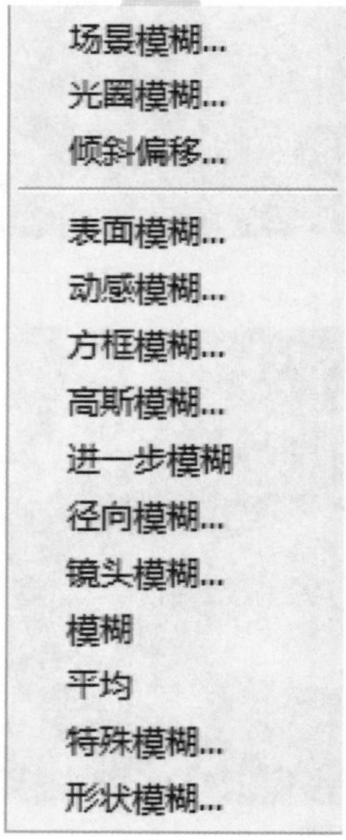

5.2.2 模糊滤镜组

　　"模糊"滤镜组可以制作多种不同的模糊效果，该滤镜组使用较为简单，在完成效果上差别不大，在环境艺术设计和室内设计效果图处理中常用"高斯模糊""径向模糊""镜头模糊"等滤镜制作景深、突出重点和中心区域等效果。"模糊"滤镜组共包含14种滤镜(图5-58)。

场景模糊...
光圈模糊...
倾斜偏移...

表面模糊...
动感模糊...
方框模糊...
高斯模糊...
进一步模糊
径向模糊...
镜头模糊...
模糊
平均
特殊模糊...
形状模糊...

图5-58

1.场景模糊

"场景"模糊滤镜是Photoshop CS6新增加的滤镜，可以制作场景中景深的效果，通过移动、增加图像上的"控制点"可以控制模糊位置，设置面板上的"模糊"值可以控制模糊的强度(图5-59、图5-60)。

图5-59

图5-60

2.光圈模糊

"光圈"模糊与"场景"模糊是在同一个操作面板内，和"场景"模糊一样是制作景深的效果，图像上的操作比"场景"模糊要简单（图5-61、图5-62）。

图5-61

图5-62

3.倾斜偏移

"倾斜偏移"滤镜与"场景""光圈"模糊是在同一个操作面板内，都是制作景深的效果，"倾斜偏移"滤镜是使用轴来控制模糊效果，可以制作水平、倾斜和垂直的景深模糊效果，"控制轴"可进行旋转和位置调整，还可勾选"对称扭曲"来制作对称的景深效果（图5-63、图5-64）。

图5-63

图5-64

4.表面模糊

"表面模糊"滤镜是在保留图像边缘的情况下，对图像的表面进行模糊处理，提供两个参数进行设置，"半径"用于控制取样区域的大小，"阈值"用于控制模糊的范围(图5-65、图5-66)。

图5-65

图5-66

5.动感模糊

"动感模糊"滤镜是制作带有速度感的图像，提供两个参数进行设置，"角度"用于控制指定模糊方向，"距离"用于控制模糊的强度(图5-67、图5-68)。

图5-67

图5-68

6.方框模糊

"方框模糊"滤镜是基于相邻像素的平均颜色来模糊对象，"半径"用于控制模糊的强度(图5-69、图5-70)。

图5-69

图5-70

7.高斯模糊

"高斯模糊"滤镜参数设置与"方框模糊"一致，但模糊的原理不同，通常用它来减少图像噪声以及降低细节层次，通过"高斯模糊"滤镜生成的图像，其视觉效果就像是经过一个半透明屏幕在观察图像，"半径"用于控制模糊的强度(图5-71、图5-72)。

图5-71

图5-72

8.进一步模糊

"进一步模糊"滤镜可以在图像颜色明显变化区域消除杂色，其他区域模糊效果不明显，不提供参数设置(图5-73)。

图5-73

9.径向模糊

"径向模糊"滤镜是模拟旋转和缩放相机产生的模糊现象，可通过设置"旋转"或"缩放"方法进行模糊，还可设置模糊品质和模糊强度（图5-74至图5-76）。

图5-74

图5-75

图5-76

10.镜头模糊

"镜头模糊"滤镜也是用于制作镜头景深的效果，可通过设置光圈参数来实现模糊效果(图5-77、图5-78)。

图5-77

图5-78

11.模糊

"模糊"滤镜不提供参数设置，模糊效果非常轻微。

12.平均

"平均"滤镜是用图像的平均颜色来填充图像（图5-79）。

图5-79

13.特殊模糊

　　"特殊模糊"提供3种模糊模式，分别是"正常""仅限边缘""叠加边缘"（图5-80），其中"正常模式"不会产生模糊效果，"仅限边缘"模式会以黑底加对象描白边的形式显示，"叠加边缘"模式是以白边描绘对象边缘亮度值变化强烈的区域，可设置"半径""阈值"和"模糊品质"参数（图5-81至图5-83）。

图5-80

图5-81

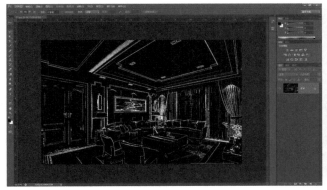

图5-82

图5-83

14.形状模糊

　　"形状模糊"是以指定的形状来进行图像模糊的特殊效果（图5-84、图5-85）。

图5-84

图5-85

5.2.3 锐化滤镜组

"锐化"滤镜组包含5种滤镜（图5-86），其原理是通过增强相邻像素间的对比度来聚焦模糊的图像，使图像变得清晰。

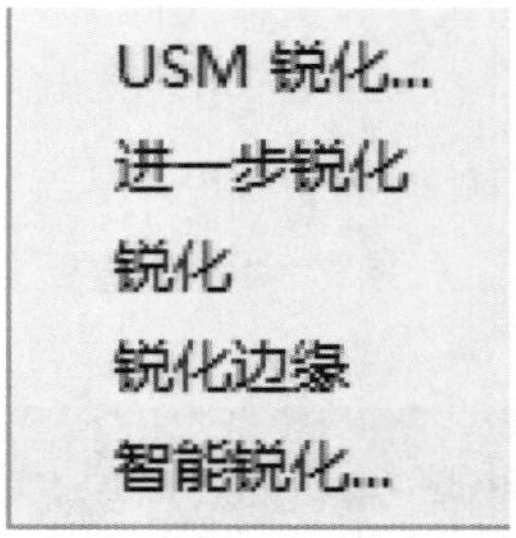

图5-86

1.USM锐化

"USM锐化"滤镜是通过查找图像颜色发生变化最显著的区域，然后将其锐化，可以使画面变得更精致。

课内练习

①打开本书配套资源"学习资源"→"ZY05"→"03.jpg"文件（图5-87）。

②执行"滤镜"→"锐化"→"USM锐化"菜单命令，在弹出的"USM锐化"对话框中可调节3个参数，数量：控制锐化效果的强度；半径：用来决定作边沿强调的像素点的宽度，半径越大，细节的差别也清晰，但同时会产生光晕；阈值：决定多大反差的相邻像素边界可以被锐化处理，而低于此反差值就不做锐化(图5-88)。

图5-87

图5-88

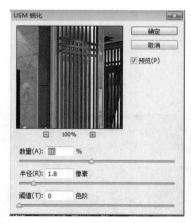

图5-88

图5-89

③完成效果如图5-89所示。

2.进一步锐化

"进一步锐化"滤镜是通过增加像素间的对比度使图像变得更清晰，不提供参数设置，锐化效果较为明

图5-90

图5-91

显，原图与锐化后效果对比如图5-90和图5-91所示。

3.锐化

"锐化"滤镜原理与"进一步锐化"滤镜是一样的，也不提供参数设置，但锐化效果不如"进一步锐化"

图5-92

滤镜(图5-92)。

4.锐化边缘

"锐化边缘"滤镜的作用和原理与"USM锐化"滤镜一致，但不提供参数设置，锐化效果不如"USM锐化"滤镜，在效果图后期处理中，"USM锐化"滤镜使用范围和频率更高（图5-93）。

图5-93

5.智能锐化

"智能锐化" 滤镜作用和原理与 "USM锐化"滤镜相似，但它提供了更多的参数设置，可以对高光和阴

图5-94

图5-95

影区的锐化值进行控制（图5-94、图5-95）。

5.2.4 风格化滤镜组

"风格化" 滤镜组共包含8种滤镜（图5-96），其主要作用是通过置换像素和增加像素的对比度，产生绘画或印象派风格的效果。

1.查找边缘

"查找边缘" 滤镜能自动搜索图像中像素对比度变化剧烈的边界，将高反差区变亮，低反差区变暗，其他区域介于两者之间，硬边变为线条，柔边变粗，形成一个清晰的轮廓。

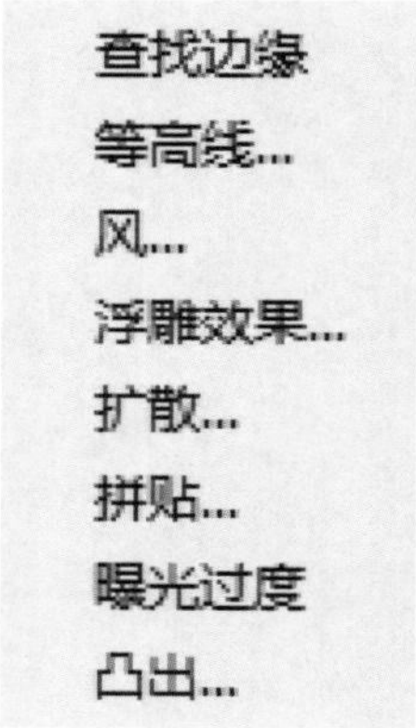

课内练习

①打开本书配套资源 "学习资源"→ "ZY05"→ "04.jpg" 文件（图5-97）。
②执行 "滤镜"→ "风格化"→ "查找边缘" 菜单命令（图5-98）。

查找边缘
等高线…
风…
浮雕效果…
扩散…
拼贴…
曝光过度
凸出…

图5-96

图5-97

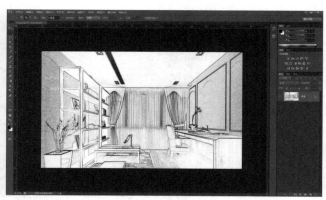

图5-98

图5-99

2.等高线

"等高线"滤镜可以查找主要亮度区域的转换并为每个颜色通道勾勒线条，以获得类似图中等高线的线条效果（图5-99）。

3.风

"风"滤镜是通过一些细小的水平线来模拟风吹的效果，提供风的大小及来风方向的设置(图5-100)，但来风方向只有"向左吹"和"向右吹"两种，如果需

图5-100

图5-101

要不同方向的风，需要对图像进行旋转(图5-101)。

4.浮雕效果

"浮雕效果"滤镜是通过自动勾勒图像的轮廓和降低图像周边的色值来产生凹凸的浮雕半立体效果，提供"角度""高度""数量"参数设置(图5-102)，"浮雕效果"滤镜如图5-103所示。

图5-102

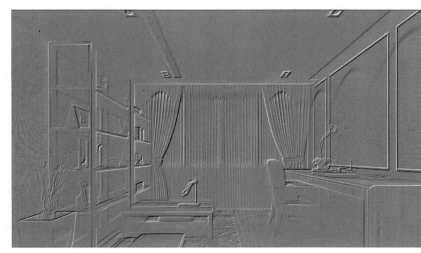

图5-103

5.扩散

　　"扩散"滤镜可以使图像扩散，形成一种分离模糊的效果，提供4种模式选择(图5-104)。"正常"模式像素随机移动(图5-105)；"变暗优先"模式，较暗的像素会替换为较亮的像素(图5-106)；"变亮优先"模式，较亮的像素会替换为较暗的像素(图5-107)；"各向异性"模式，在颜色变化最小的方向上搅乱像素(图5-108)。

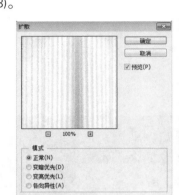

图5-104

图5-105

图5-106

图5-107

图5-108

6.拼贴

"拼贴"滤镜可依据指定的值将图像分为块状，并使其偏离原来的位置，产生不规则的瓷砖拼凑效果，可

图5-109

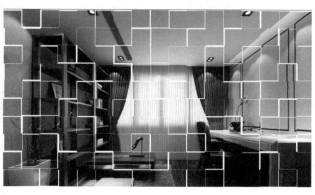
图5-110

对"拼贴数""最大位移""填充空白区域"进行设定(图5-109)，"拼贴"滤镜效果如图5-110所示。

7.曝光过度

图5-111

"曝光过度"滤镜是通过混合负片和正片的图像，模拟出摄影照片中短暂曝光的负片效果(图5-111)。

8.凸出

"凸出"滤镜是通过将图像分成一系列大小相同且有机重叠放置的立方体或锥体，产生特殊的立体效果，主要参数有"凸出类型""凸出大小""凸出深度"，如图5-112所示；选择"块"类型的效果如图5-113所

图5-112

图5-113

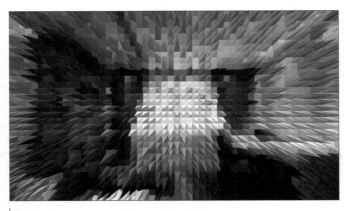

图5-114

示；选择"金字塔"类型的效果如图5-114所示。

5.2.5 扭曲滤镜组

"扭曲"滤镜组可以将当前图层或选区图像进行各种各样的扭曲变化，从而创建出类似波纹效果，"扭曲"滤镜组运行时会占用大量的系统内存，在测试效果时建议在小图上使用，"扭曲"滤镜组共包含9种滤镜(图5-115)。

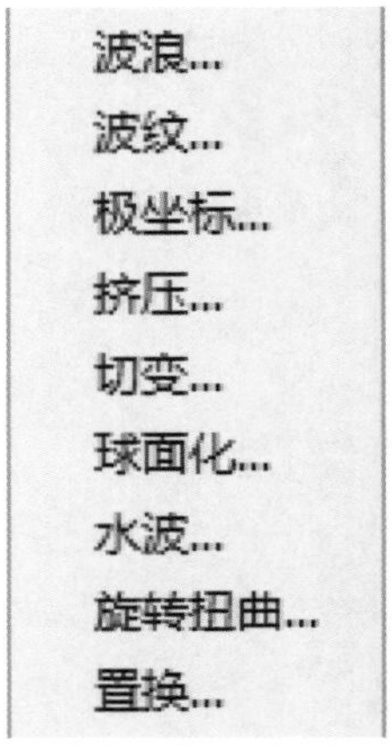

1.波浪

"波浪"滤镜可以在图像上产生类似波状起伏的图案，生成波浪效果。

课内练习

①打开本书配套资源"学习资源"→"ZY05"→"05.jpg"文件（图5-116）。

②执行"滤镜"→"扭曲"→"波浪"菜单命令，在弹出的"波浪"对话框中可以对"生成器数""波长""波幅""比例"等参数进行设置。"生成器数"用于控制产生波浪效果的振源总数，"波长"是指从一个波峰到下一个波峰的距离，"波幅"是指最大和最小的波浪幅度，"比例"用于控制水平和垂直方向的波动幅度（图5-117）。

波浪...
波纹...
极坐标...
挤压...
切变...
球面化...
水波...
旋转扭曲...
置换...

图5-115

图5-116

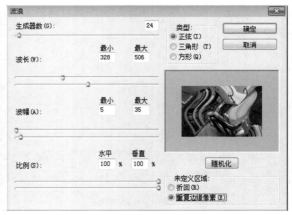

图5-117

图5-118

③"波浪"滤镜效果如图5-118所示。

2.波纹

"波纹"滤镜与"波浪"滤镜效果和原理相同，但可控制参数较少，只能控制波纹数量和波纹大小（图

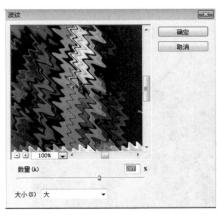

图5-119

图5-120

5-119、图5-120）。

3.极坐标

"极坐标"滤镜是通过转换坐标方式来创建一种图像变形效果，可以设置"平面坐标到极坐标"和"极坐标到平面坐标"（图5-121至图5-123）。

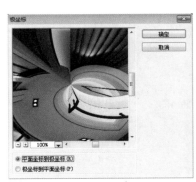

图5-121

图5-122

图5-123

4.挤压

"挤压"滤镜通过设置"数量"百分比来获得挤压效果（图5-124）；"数量"为正值，图像向内凹

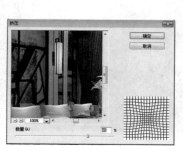

图5-124

图5-125

图5-126

（图5-125），"数量"为负值，图像向外凸（图5-126）。

5.切变

"切变"滤镜通过调整控制曲线来扭曲图像（图5-127）；直接在"控制线"上单击增加"控制点"，拖拽"控制点"即可获得对应图像扭曲效果（图5-128）。

图5-127

图5-128

6.球面化

　　"球面化"滤镜与"挤压"滤镜一样，通过设置"数量"百分比来获得挤压球面效果（图5-129），"数量"为正值，图像向外凸（图5-130），"数量"为负值，图像向内凹（图5-131）。

图5-130

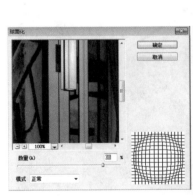

图5-129

图5-131

7.水波

"水波"滤镜通过"数量""起伏""样式"的参数设置（图5-132），制作类似水面涟漪的效果，达到

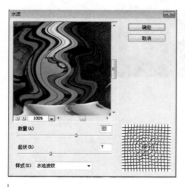

图5-132

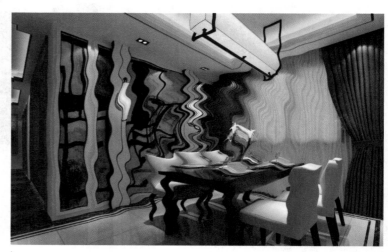

图5-133

对图像进行扭曲的效果（图5-133）。

8.旋转扭曲

"旋转扭曲"滤镜通过设置"角度"实现图像围绕中心进行旋转，制作图像旋转扭曲效果（图5-134），"角度"为正数时，图像沿顺时针旋转（图5-135），"角度"为负数时，图像沿逆时针旋转（图5-136）。

图5-134

图5-135

图5-136

9.置换

　　"置换"滤镜通过将一张图片的亮度值，通过设置"水平排列"和"垂直排列"参数，按现有图像的像素重新排列并产生位移（图5-137），需要注意的是，置换需要使用到PSD格式文件（图5-138）。当置换图

图5-137

图5-138

图5-139

大小与现有图像不匹配时，可选择将置换图以"伸展以适合"或"拼贴"方式调整（图5–139）。

5.2.6 像素化滤镜组

"像素化"滤镜组主要是通过单元格中颜色值相近的像素结块来清晰定义某个区域，主要用于彩块、点状、晶格和马赛克图像艺术效果，共有7个滤镜（图5–140），由于功能类似，本节挑选主要的滤镜进行讲解。

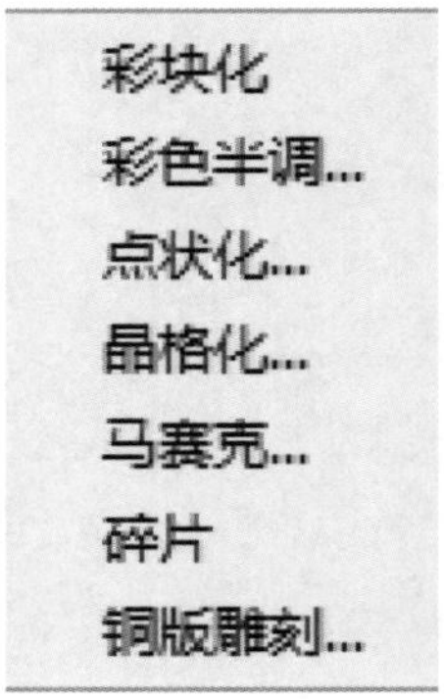

彩块化
彩色半调…
点状化…
晶格化…
马赛克…
碎片
铜版雕刻…

图5-140

1.彩色半调

"彩色半调"滤镜可以使图像变为网点效果，将图像每一个通道划分出矩形区域，再以矩形区域亮度成比例的圆形替代这些矩形，圆形的大小与矩形的亮度相关，越亮的部分生成的网点较小，越暗的部分生成的网点越大。

课内练习

①打开本书配套资源"学习资源"→"ZY05"→"06.jpg"文件(图5–141)。

②执行"滤镜"→"像素化"→"彩色半调"菜单命令，在弹出的"彩色半调"对话框中可以对"最大半径""网角（度）"的参数进行设置(图5–142)。

图5-141

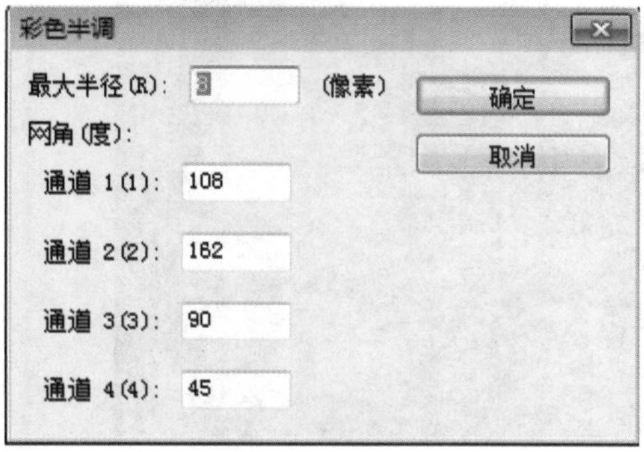

彩色半调

最大半径(R): 3   （像素）   确定
网角(度):   取消

通道 1(1): 108

通道 2(2): 162

通道 3(3): 90

通道 4(4): 45

图5-142

图5-143

③"彩色半调"滤镜效果如图5-143所示。

2.马赛克

"马赛克"滤镜通过"单元格大小"进行参数设置，设置正方形块的大小，给块中填充原图像素平均颜

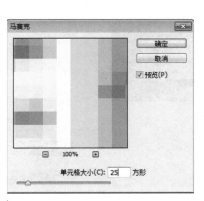

图5-144　　　　　　　　　　图5-145

色，如图5-144所示；制作图像区域或全图的马赛克效果，如图5-145所示。

3.铜板雕刻

"铜板雕刻"滤镜可在图像中生成各种线或图案，可通过"铜板雕刻"对话框中"类型"下拉列表进行旋

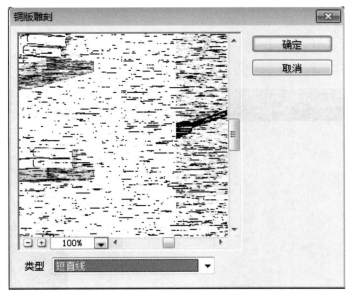

图5-146　　　　　　　　　　图5-147

图5-148

转，如图5-146和图5-147所示；制作年代久远的金属板效果，如图5-148所示。

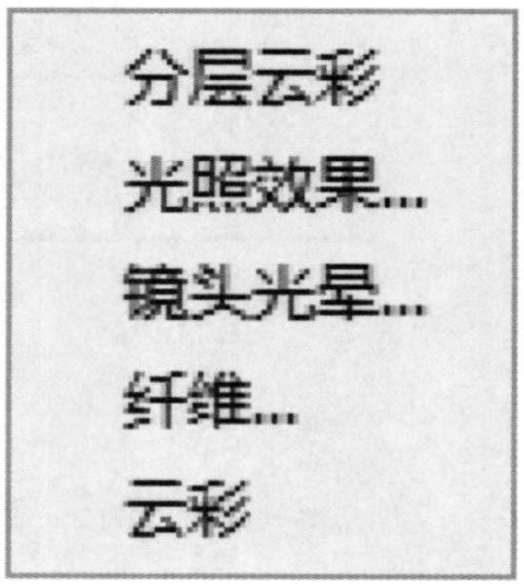

5.2.7 渲染滤镜组

"渲染"滤镜组包含5种滤镜，主要用于制作光照和云彩的效果（图5-149），本节挑选主要的滤镜进行讲解。

分层云彩
光照效果...
镜头光晕...
纤维...
云彩

图5-149

1.云彩和分层云彩

"云彩"滤镜可以通过"前景色"和"背景色"混合生成云彩效果。"分层云彩"滤镜则是在"云彩"的基础上将云彩造型与像素混合，多次使用"分层云彩"滤镜可以制作出许多材质纹理的效果。

课内练习

①新建参数所示文件（图5-150）。

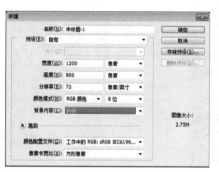

图5-150

图5-151

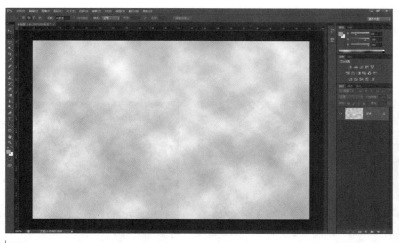

图5-152

②将"前景色"设置为蓝色，"背景色"设置为白色（图5-151）。

③执行"滤镜"→"渲染"→"云彩"菜单命令（图5-152）。

④执行"滤镜"→"渲染"→"分层云彩"菜单命令（图5-153）。

⑤执行组合键"Ctrl+F"，反复执行"分层云彩"滤镜（图5-154）。

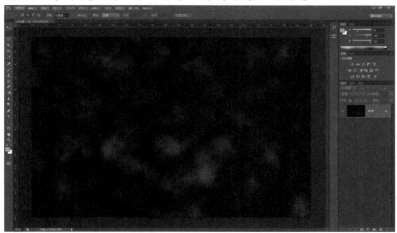

图5-153

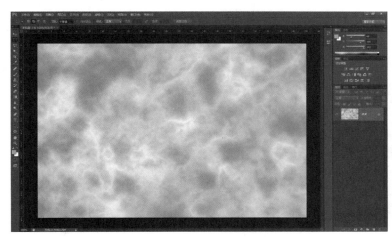

图5-154

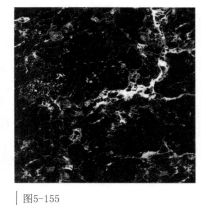

图5-155

⑥有兴趣的读者可以参考图5-155所示的大理石效果来制作材质纹理。

2.光照效果

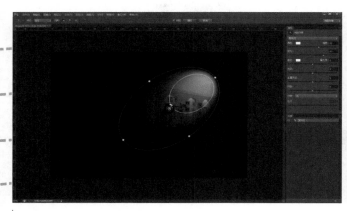

图5-156

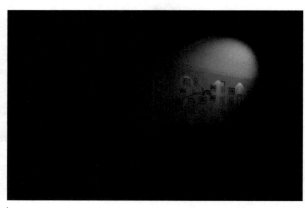

图5-157

"光照效果"滤镜是一个强大的灯光效果制作滤镜，可创建出射灯、泛光灯、手电筒等光照效果(图5-156、图5-157)。

3.纤维

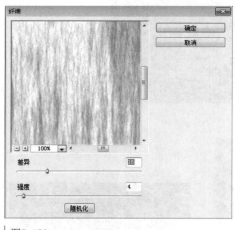

图5-158

图5-159

"纤维"滤镜原理与"云彩"滤镜相似，通过"前景色"和"背景色"混合编织成纤维效果，纹理与"云彩"滤镜有所不同（图5-158、图5-159）。

4.镜头光晕

"镜头光晕"滤镜通过模拟相机镜头产生的折射，用于表现钻石、玻璃、光晕等效果(图5-160、

图5-160

图5-161

图5-161）。

图5-162

5.3 外挂滤镜

Photoshop不仅提供了多种自带的滤镜，还支持数量众多的第三方滤镜，这些滤镜大多由公司或个人开发，可安装在Photoshop上使用。除此之外，Photoshop还支持许多画笔插件，有兴趣的读者朋友可以下载安装使用。

大多数Photoshop第三方滤镜可以直接安装，安装完后重启Photoshop即可使用；有一部分第三方滤镜需要将文件拷贝至Photoshop安装目录下的"Plus-Ins"文件夹，然后重启Photoshop软件即可在"滤镜"菜单中找到并使用（图5-162）。

本章节练习

在处理室内外设计效果图时，可以通过滤镜的方式将效果图制作成类似手绘的效果，通过本章节的学习，来体验下如何使用滤镜制作的手绘效果图。

①打开本书配套资源"学习资源"→"ZY05"→"07.jpg"文件(图5-163)。

②执行组合键"Ctrl+J"将背景图层复制一层(图5-164)。

③执行"滤镜"→"滤镜库"菜单命令，点击右键将预览窗口调整为符合窗口大小，选择"艺术效果"→"绘画涂抹"滤镜(图5-165)。

④新建效果图层，选择"纹理"→"纹理化"滤镜(图5-166)。

⑤新建效果图层，选择"画笔描边"→"成角的线条"滤镜(图5-167)。

⑥新建效果图层，选择"扭曲"→"玻璃"滤镜(图5-168)。

⑦完成后将文件保存。

效果图后期处理可以借助滤镜制作各种手绘效果，有兴趣的读者朋友可以进行多次尝试。

图5-163

图5-164

图5-165

图5-166

图5-167

图5-168

第6章　Photoshop 图像的修饰与调整

　　本章节主要讲解Photoshop的图像修饰与调整工具，通过学习能够了解Photoshop各种图像修饰和调整工具，熟悉Photoshop各种图像修饰和调整工具的操作方法，以便能对环境艺术设计各种三维设计软件制作出的效果图后期的色彩、亮度等进行调整，达到所需要的效果。

6.1 绘画工具

6.1.1 吸管工具

　　"吸管"工具是常用的取色工具，主要作用是吸取指定位置的颜色作为参考颜色，可以直接使用或进行存储，方便后期图像调色。在默认状态下，直接吸取的颜色是作为"前景色"，按住"Alt"键吸取的颜色是作为"背景色"，吸取的范围不局限于Photoshop内的图像，可以在屏幕中任意位置取色(图6-1)。除单击取色外，还可在图像中拖动鼠标移动，所经过地方的颜色将不断作为"前景色"被吸取，按住"Alt"键拖动鼠标所吸取的颜色是作为"背景色"。

　　在"吸管"工具按钮上按住鼠标不动，选择"颜色取样器工具"，弹出的"信息"窗口可以显示吸取颜色的属性信息，最多可以显示4个区域的颜色信息(图6-2)。

图6-1

图6-2

6.1.2 画笔工具

　　"画笔"工具是直接采用鼠标或绘图仪进行绘画的工具，与现实绘画中的笔作用类似，Photoshop "画笔"工具有着丰富的笔触效果，还支持许多画笔插件，在平面广告设计、CG行业、人物和场景设计中应用非常广泛。在环境艺术设计行业大多是对已有图像进行后期处理，较少进行绘画创作，因此"画笔"工具的绘画功能应用较少，通常将"画笔"工具和"蒙版"结合使用，进行抠像和修边处理，本节对"画笔"工具仅进行简单介绍，有兴趣的读者朋友可以参阅Photoshop场景、动漫、CG等应用方向的书籍。

　　"画笔"工具中画笔的大小、样式等参数都在"画笔"面板中进行设置，执行"窗口"→"画笔"菜单命令或按"F5"键，可以打开"画笔"面板(图6-3)。"画笔"面板主要由3个部分组成：左侧是选择画笔的属性，右侧是对应画笔属性的具体参数，下侧是画笔的预览效果。主要选项的介绍如下：

画笔笔尖形状：该选项可控制画笔的大小、硬度、间距、角度等参数。

大小：控制画笔的大小，可输入数字或拖动滑块，最大不能超过2500像素。

角度：设置画笔旋转的角度，直接输入数字即可。

圆度：控制画笔长短的比例。

硬度：控制画笔边缘清晰程度，数值越大，画笔边缘越清晰。

间距：控制画笔描边中两个画笔笔迹之间的距离。

默认设置是直接选择"画笔"工具，在画面中拖拽鼠标，即可用"前景色"绘制线条。"画笔"面板中单击"画笔预设"选项卡，可进入"画笔预设"面板(图6-4)，可以选择Photoshop预设的各种画笔样式，每种样式都带有预览图，还可对画笔大小进行设置，可用键盘上"〔 〕"键对画笔大小进行设置。

如图6-5所示，在"画笔"工具栏上单击画笔大小右侧的箭头图标，可以打开简略版"画笔"面板。如图6-6所示，可以对画笔大小和硬度进行设置。单击右侧齿轮按钮，可以打开如图6-7所示的画笔设置菜单。主要选项的介绍如下：

载入画笔：调入预先保存好的画笔样式，可以导入第三方的画笔样式文件。

模式：单击模式右侧下拉框，可以弹出如图6-8所示下拉菜单，这些选项都是不同的混合模式，与图层混合模式内容排列和效果一致。

不透明度：设置画笔的不透明度，数值越小，绘制时颜色越带有透明效果。

流量：设置画笔的颜色浓度，数值越小，颜色浓度越淡，效果和"不透明度"类似。

图6-3

图6-4

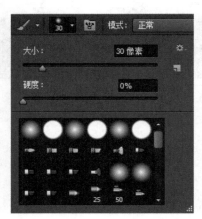

图6-6

图6-5

图6-7

图6-8

6.1.3 铅笔工具

"铅笔"工具的设置界面和操作方法与"画笔"工具相同（图6-9），与"画笔"工具的区别在于使用"铅笔"工具绘图时，颜色的边缘无法进行光滑，只能绘制硬边线条，而"画笔"工具可以绘制带有虚边效果的线条（图6-10），"铅笔"工具不支持消除锯齿功能，在绘制斜边时会带有明显的锯齿效果。

"铅笔"工具选项栏与"画笔"工具选项栏基本相同，只多了一个"自动涂抹"选项，其含义是勾选后，在重新绘制"前景色"绘制时，会用"背景色"替换前景色。

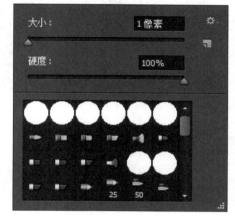

图6-10

图6-9

6.1.4 填充工具组

填充工具组主要用来为图像填色增加装饰效果。Photoshop有2个填充工具，分别是"渐变"工具和"油漆桶"工具。

1.渐变工具

"渐变"工具用来在文档或选区内填充渐变颜色。"渐变"工具不仅可以填充颜色，还能在蒙版、通道中运用制作图像渐隐效果，另外在调整图层和填充图层中也会运用渐变填充。

①渐变工具栏

"渐变"工具选项栏如图6-11所示，包含"渐变颜色条""渐变类型""渐变模式""渐变不透明度"等选项。

图6-11

②渐变编辑器

单击"渐变"工具栏右侧箭头按钮，可以打开"渐变拾色器"（图6-12）。单击渐变颜色条，打开"渐变编辑器"对话框，可以对渐变的样式进行设置（图6-13）。

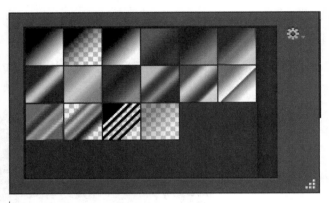

图6-12

图6-13

默认设置为"前景色"到"背景色"的渐变，单击渐变轴左下方的滑块按钮，在单击下方"颜色"选项可以打开"拾色器"对话框（图6-14），设置颜色。如果想在渐变中加入颜色，只需单击渐变轴下方，系统会自动增加一个新的色标滑块（图6-15），可依照前述方法设置颜色，此时"渐变名称"变为自定。

选择除首末外中间任意一个色标滑块，可以直接拖动确定渐变位置，也可在下方"位置"中输入数值精确确定渐变位置，范围在0%~100%。单击某个色标，会在相邻色标之间出现一个"菱形"，表示两个色标颜色变化的位置，可以选择"菱形"

图6-14

拖动，或在"位置"输入数值来调整颜色变化，菱形图标越靠近色标滑块，表示颜色变化越快越剧烈（图6-16）。

"渐变类型"下拉菜单中有"实底"和"杂色"两个选项，"粗糙度"用于控制两个颜色变化之间的光滑程度，值越小，变化越光滑。"实底"是默认选项，颜色依据设定进行变化（图6-17）；"杂色"可使随机指定颜色范围内所有的颜色进行渐变，相比"实色"，"杂色"渐变分布更为丰富（图6-18）；同时"杂色"选项还可单击"随机化"按钮由系统随机进行颜色分布渐变（图6-19），勾选"限制颜色"防止颜色过于饱和，勾选"增加透明度"可增加渐变的透明化，丰富渐变效果（图6-20）。

如果对增加的色标滑块不满意，可以单击该色标滑块，点击"删除"按钮，将该色标滑块删除。设置完成后可对该渐变样式进行保存，还可载入之前保存的自定渐变样式。

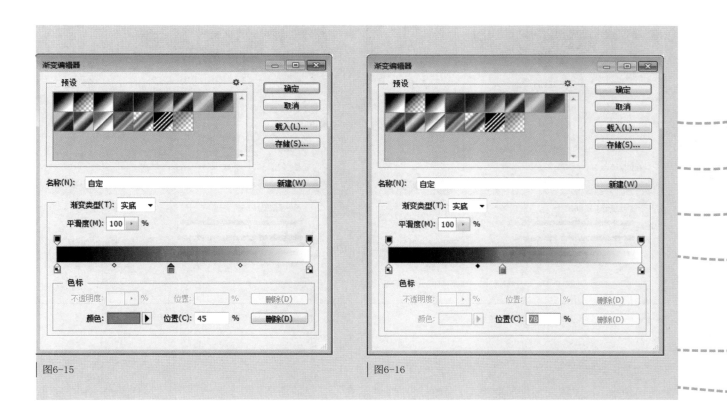

图6-15

图6-16

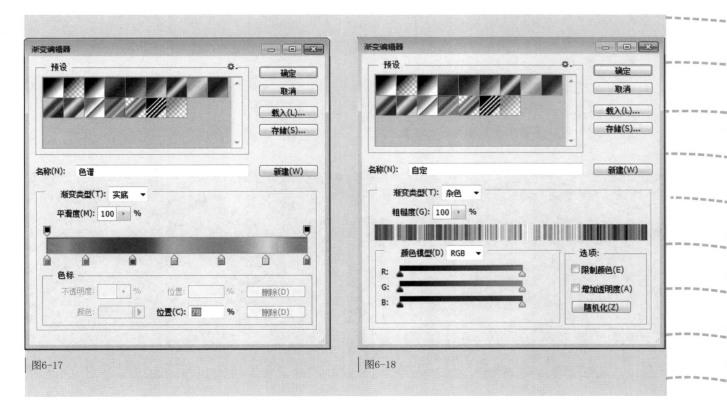

图6-17

图6-18

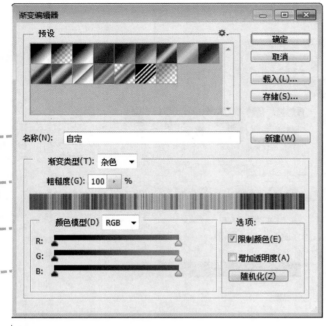

图6-19

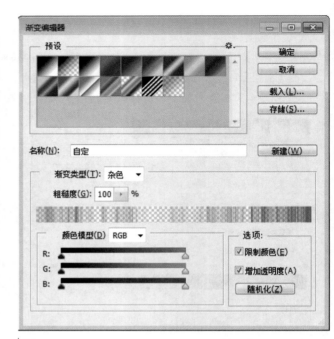

图6-20

③渐变类型

Photoshop提供了5种渐变类型，分别是"线性渐变""径向渐变""角度渐变""对称渐变"和"菱形渐变"（图6-21至图6-25）。

④其他设置

模式：设置渐变混合模式，与图层混合模式原理和效果一致。

不透明度：设置渐变的透明效果。

反向：勾选后，渐变的颜色与设置相反。

仿色：勾选后，可以让渐变颜色之间光滑过渡，防止出现生硬的过渡边，此勾选为默认选项。

透明区域：勾选此项，不透明的渐变设置才能起作用。

图6-21

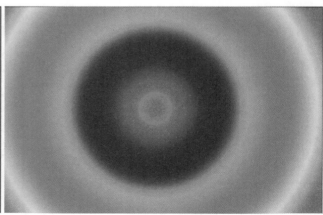

图6-22

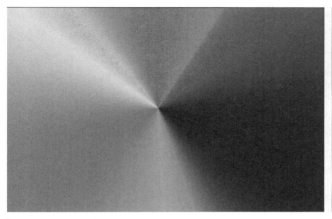

图6-23

图6-24

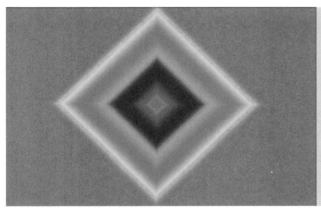

图6-25

6.1.5 颜色替换工具

"颜色替换"工具可以使用"前景色"替换图像中的颜色，该工具与"图像"→"调整"→"替换颜色"作用非常类似。"颜色替换"工具不能用于位图、索引或多通道颜色模式的图像(图6-26)。

图6-26

"颜色替换"工具操作非常简单，其原理是使用"前景色"替换图像中指定的像素，首先设置好"前景色"，然后在图像中需要替换的区域涂抹即可。

"颜色替换"工具选项栏参数讲解如下：

模式：设置可以替换颜色属性，包括"色相""饱和度""颜色"和"明度"，不同的设置代表不同的替换颜色属性，如替换色相、饱和度等，默认选项为"颜色"。

取样：设置颜色取样的方式，分3种方式，分别为"连续""一次"和"背景样板"。"连续"的含义是拖动鼠标可连续对颜色进行取样，"一次"的含义是只替换包含第一次单击的颜色区域中的目标颜色，"背景样板"的含义是只替换当前背景色的区域。

限制：包含3种模式，分别为"不连续""连续"和"查找边缘"。"不连续"的含义是替换鼠标所到之处的颜色，"连续"的含义是在涂抹过程中不断以鼠标位置的像素作为基准色，决定被替换的范围，"查找边缘"的含义是可替换包含样本颜色的连续区域，同时保留形状边缘的锐化程度。

容差：设置工具的容差，该值越高，对颜色的相似性要求越低，可以替换的颜色范围越广。

消除锯齿：勾选此项，可以使校正的区域边缘光滑，消除锯齿。

6.2 修补工具

6.2.1 图章工具

"图章"工具包含"仿制图章"和"图案图章"工具，主要用于对图像局部进行仿制和图案填充。

1.仿制图章工具

"仿制图章"工具主要通过对图像局部进行仿制，使仿制部分与图像其他区域较好地结合，实现对图像进行抹除和复制处理的效果。

课内练习

①打开本书配套资源"学习资源"→"ZY06"→"01.jpg"文件（图6-27）。

②使用"缩放工具"和"抓手工具"将图中门上部的射灯区域放大并居中显示（图6-28）。

③执行组合键"Ctrl+J"将背景图层复制一层，执行"仿制图章"工具，将"模式"选为"正常"，按住"Alt"键在射灯上单击鼠标进行取样（图6-29）。

④松开"Alt"键，用鼠标在旁边涂抹，涂抹操作与"画笔"工具相同，在仿制过程中，取样点是以"+"号形状进行标记，取样位置与涂抹位置始终保持一致，由此可见在涂抹处仿制了一个射灯（图6-30）。

⑤完成后将文件保存。

图6-27

图6-28

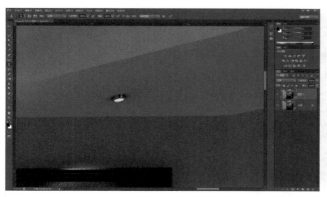 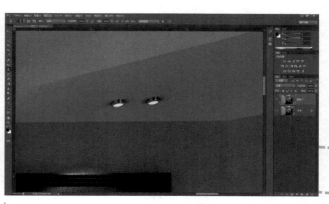

图6-29　　　　　　　　　　　　　　　　图6-30

　　"仿制图章"工具的选项栏包括"画笔大小""模式""不透明度""流量""样本"等参数(图6-31)，其主要参数设置讲解如下：

图6-31

　　对齐：勾选此项后，仿制过程中停顿或反复拖动鼠标，都会接着上一次操作继续仿制对象；取消勾选后，每次操作都是重新开始仿制对象。

　　模式：与图层模式相同。

　　样本：分为"当前图层""当前和下方图层"和"所有图层"3个选项，主要是针对取样的图层，选择"当前图层"，仿制源仅在当前图层进行取样。

　　不透明度：设置仿制图像透明效果。

　　流量：设置仿制图像的颜色浓度，与"画笔"工具中"流量"的设置相同。

　　2.图案图章工具

　　"图案图章"工具是用预设的图案或载入自定义的图案进行填充绘画，其操作与"仿制图章"工具和"画笔"工具类似（图6-32），其主要参数设置讲解如下：

图6-32

　　图案：用于设置需要涂抹的图案，左侧有选定图案的预览图，单击右侧箭头，会弹出"图案"面板，可以选择预设的图像，还可单击右上角的齿轮图标，对图案进行管理（图6-33），选择"预设管理器"在面板中载入新图案（图6-34）。

　　印象派效果：勾选此项，可以使涂抹的图案带有一种印象派绘画风格的效果。

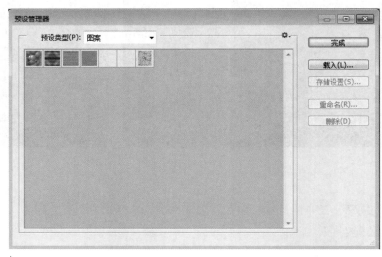

图6-33　　　　图6-34

6.2.2 橡皮擦工具组

"橡皮擦"工具组与我们日常绘画使用的橡皮擦一样，用于擦除错误以及不需要的部分图像。Photoshop橡皮擦工具组由"橡皮擦"工具、"背景橡皮擦"工具和"魔术橡皮擦"工具组成。

1.橡皮擦工具

"橡皮擦"工具在使用上与"画笔"工具一样，只需在图像上涂抹便可擦除图像，擦除普通图层图像时，擦除部分变为透明，擦除背景图层时，会显示背景图层新建时的背景色(图6-35)，其主要参数设置讲解如下：

模式：包含"画笔""铅笔""块"3种模式选择，不同的模式在擦除效果上有所不同。"画笔"选项擦除的边缘非常光滑，带有过渡渐变效果，"铅笔"选项擦除的边缘非常生硬，带有明显的分界线。"块"选项擦除的边缘也非常生硬。

抹除到历史记录：左右相当于历史画笔。

图6-35

2.背景橡皮擦工具

"背景橡皮擦"工具可以在不解锁背景图层的情况下直接擦除背景图像，但在前景中保留对象的边缘（图6-36），其主要参数设置讲解如下：

容差：可以通过数值大小控制擦除颜色的范围，数值越小，擦除越精确。

保护前景色：勾选此项可以使图像中与前景色相同的像素不被擦除。

图6-36

3.魔术橡皮擦工具

"魔术橡皮擦"工具的使用与"魔棒"工具相似，其原理是将"橡皮擦"工具与"魔棒"工具整合在一起，可以快速选择相同的颜色并进行擦除（图6-37）。

图6-37

6.2.3　修饰工具

Photoshop修饰工具包括"模糊"工具、"锐化"工具和"涂抹"工具，这些工具产生的效果与"滤镜"中对应的模糊滤镜、锐化滤镜是一致的，区别在于这些工具适用于小范围、局部的图像修饰。

1.模糊工具

"模糊"工具是通过画笔涂抹使图像变模糊的工具，其原理是降低像素之间的反差，柔化对比强烈的边缘和减少图像中的细节达到图像虚化的效果。

课内练习

①打开本书配套资源"学习资源"→"ZY06"→"02.jpg"文件(图6-38)。

②选择"模糊"工具，通过单击设置或执行键盘"〕"键将"画笔大小"设置为200左右，在图像中远处区域进行涂抹，将其模糊虚化处理(图6-39)。

③为方便观察效果，我们选择左下角近处的装饰植物进行涂抹，可以清楚地看到，涂抹后的植物以及模糊虚化的效果(图6-40)。

④完成后将文件保存。

图6-38

图6-39

图6-40

"模糊"工具的选项栏,其主要参数设置讲解如下(图6-41):

强度:通过拖动滑块或设置数值,可以决定模糊的强度,数值越大,模糊效果越强烈。

对所有图层取样:勾选该选项,可将模糊效果应用到所有图层的图像。

图6-41

2.锐化工具

"锐化"工具与"模糊"工具效果相反,是通过画笔涂抹使图像变清晰锐利的工具,其原理是提高像素之间的反差,硬化对比强烈的边缘达到图像边缘清晰的效果,依据锐化原理,不得过度使用,否则会产生像素间对比强烈的马赛克效果。

课内练习

①打开本书配套资源"学习资源"→"ZY06"→"03.jpg"文件(图6-42)。

②选择"锐化"工具,通过单击设置或执行键盘"]"键将"画笔大小"设置为90左右,在图像中右侧装饰画、写字台台面、左侧装饰画、中间吊灯等近处带细节的区域进行涂抹,随后进行锐化处理(图6-43),可通过历史记录进行前后效果对比,锐化涂抹后的区域对比度、清晰度和质感与操作前相比变得更强。

③如果进行过度锐化涂抹,会产生马赛克效果,如图6-44所示是将右侧写字台区域进行了过度锐化涂抹的效果。

④完成后将文件保存。

图6-42

图6-43

图6-44

"锐化"工具的主要参数设置讲解如下(图6-45)：

保护细节：勾选该选项可对图像细节进行保护，避免锐化涂抹过程中破坏细节，默认该选项是勾选的。

图6-45

3.涂抹工具

"涂抹"工具可以使笔触周围的像素随笔触方向一起移动，得到一种动态模糊和变形的效果。

课内练习

①打开本书配套资源"学习资源"→"ZY06"→"04.jpg"文件(图6-46)。

②选择"涂抹"工具，通过单击设置或执行键盘"］"键将"画笔大小"设置为120左右，从画面左侧往右侧拖动鼠标(图6-47)。

③完成后将文件保存。"涂抹"工具的选项栏如图6-48所示，在效果图后期处理中，该工具较少使用，不做详细讲解。

图6-46

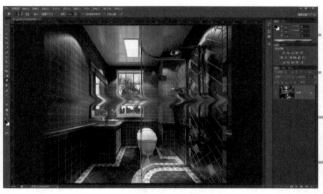

图6-47

图6-48

6.2.4 历史记录

在"2.4.4操作的撤销与恢复"章节中提到了"历史记录"，我们使用Photoshop进行各种编辑操作时，难免会出现误操作或对编辑效果不满意，需要返回若干步骤重新制作的情况，Photoshop会对我们的操作步骤进行记录，我们可以方便地返回到任意一个步骤上，避免全部重新制作。历史记录包括"历史记录画笔""历史记录面板""历史记录艺术画笔"3个工具。

1.历史记录画笔与历史记录面板

"历史记录画笔"与"历史记录面板"需配合使用，参数设置与"画笔"工具选项栏一致，此处不再讲述(图6-49)。

图6-49

课内练习

①打开本书配套资源"学习资源"→"ZY06"→"05.jpg"文件(图6-50)。

②执行"滤镜"→"滤镜库",选择"素描"→"炭笔"滤镜(图6-51),单击"确定"使用滤镜。

③使用"历史记录画笔"工具,将其大小设置为150左右,在镜子区域进行涂抹(图6-52),可以看到经过涂抹的区域已经还原到使用"炭笔"滤镜前的效果。

④执行"窗口"→"历史记录"菜单命令,打开"历史记录"面板(图6-53),可以看到我们每一步操作都被记录下来了。

⑤在"历史记录"面板中,我们可以任意单击返回到某一步骤,图像会相应退回到该步骤编辑的状态(图6-54),还可直接返回至打开时的状态(图6-55)。

⑥完成后将文件保存。

熟练运用"历史记录"面板,在用Photoshop进行编辑图像时,遇到任何不满意的地方都可随时返回重新编辑,在编辑过程中也可从容应对各种问题,但还是建议读者朋友养成随时保存的好习惯,一旦遇到突然断电、死机等意外情况,还是得不偿失的。

图6-50

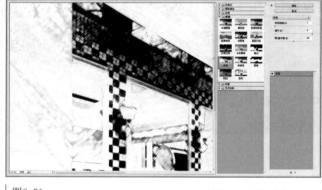

图6-51

图6-52

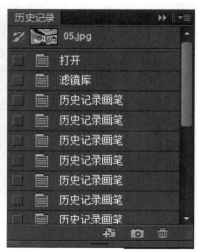

图6-53

图6-54

图6-55

2.历史记录艺术画笔

"历史记录艺术画笔"工具与"历史记录画笔"工具的工作方式完全相同，在恢复图像的同时会进行艺术化处理，创建出一种艺术笔画的效果，其主要参数设置讲解如下（图6-56）：

图6-56

图6-57

样式：用来控制绘画描边的形状（图6-57）。

区域：设置描边覆盖的区域，值越高，覆盖的区域越广，描边的数量也越多。

容差：输入值限定可应用绘画描边的区域，值越高描边范围越小，值越低描边范围越大。

6.2.5 色彩调整工具

色彩调整工具包括"减淡"工具、"加深"工具和"海绵"工具。

1.减淡工具

"减淡"工具的作用是通过对图像的局部进行涂抹，达到提亮的效果，可对"阴影""中间调""高光"分别进行提亮，还可通过增加"曝光度"强化提亮效果（图6-58）。

图6-58

课内练习

①打开本书配套资源"学习资源"→"ZY06"→"05.jpg"文件(图6-59)。

②选择"减淡"工具，通过单击设置或执行键盘"］"键将"画笔大小"设置为100左右，将"曝光度"设置为30%左右，选择"中间调"对过道3个射灯和2个吊灯进行减淡涂抹(图6-60)，注意依据灯的大小随时调整涂抹画笔的大小。

③将"曝光度"设置为25%左右，选择"高光"，将画笔大小设置大致与光源一致，再次涂抹，制作处理灯的光晕效果(图6-61)。

④完成后将文件保存。"减淡"工具在效果图中，常用于强化光照效果。

图6-59

图6-60

图6-61

2.加深工具

"加深"工具与"减淡"工具的作用是相反的，通过对图像的局部进行涂抹，达到压暗的效果，其工具选项栏与"减淡"工具一致。

课内练习

①紧接着上一个练习，打开本书配套资源"学习资源"→"ZY06"→"减淡工具.jpg"文件(图6-62)。

②选择"加深"工具，通过单击设置或执行键盘"]"键将"画笔大小"设置为300左右，将"曝光度"设置为20%左右，选择"中间调"对图像的暗部进行涂抹(图6-63)。

③需要注意的是，"加深"工具不是依据图像原像素的色彩进行加深处理，而是在图像基础上添加黑色，不能过度涂抹，容易产生不真实的黑色效果，如图6-64所示是在暗部进行了过度涂抹，产生了不真实效果。

④完成后将文件保存。

"加深"工具在效果图处理中，常用于局部压深，增加图像对比度。

图6-62

图6-63

图6-64

3.海绵工具

"海绵"工具是通过对图像的局部进行涂抹，可以调整图像的饱和度，其操作与"加深"工具和"减淡"工具是一致的。可通过"模式"设置降低或提高"海绵"工具的饱和度，通过"流量"设置调整的强度(图6-65)。

图6-65

6.3 调整命令

在环境艺术设计室内外效果图后期处理中，最主要的就是调整效果图的亮度和色彩，Photoshop提供了大量对应的调整工具和命令。在Photoshop中调整命令通过"图像"→"调整"菜单命令打开，所有的调整命令都在该菜单组下(图6-66)。还可通过"窗口"→"调整"菜单命令，打开"调整"面板(图6-67)；最后依据前述"图层"章节，可以增加"调整图层"命令(图6-68)，实现相同的效果，区别在于"调整"菜单命令是通过修改图像像素来实现效果的，"调整图层"命令不会修改像素，是一种保护图像的调整方法。

图6-66

图6-67

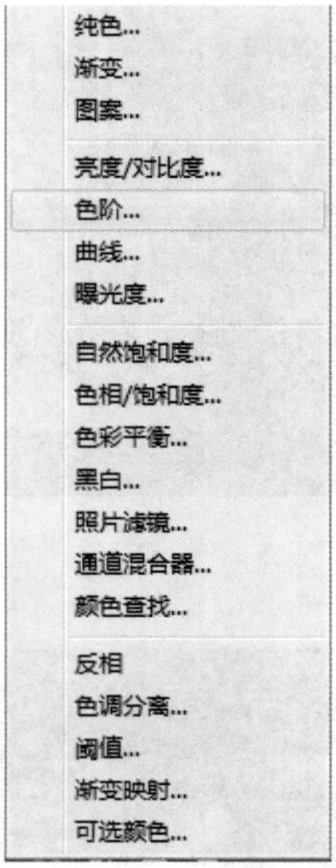

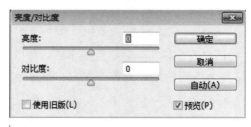

图6-68

6.3.1 亮度/对比度命令

"亮度/对比度"命令可以直观地调整整幅图像的亮度和对比度，操作非常简单，只有亮度和对比度两个参数可以调整(图6-69)。

图6-69

课内练习

①打开本书配套资源"学习资源"→"ZY06"→"07.jpg"文件，执行组合键"Ctrl+J"，将背景图层复制一层(图6-70)。

②执行"图像"→"调整"→"亮度/对比度"菜单命令，在弹出的"亮度/对比度"面板中拖动滑块，并可去掉"预览"勾选，观察对比效果(图6-71)。

③需要注意的是，"亮度/对比度"命令不要一次将值调整得过高，每次调整尽量进行微调，如果觉得效果不够，可再次执行命令进行调整，Photoshop调整参数不要抱有一次调整到位的想法，不够可以再调整，调过度了很难再调回来(图6-72)。

④完成后将文件保存。

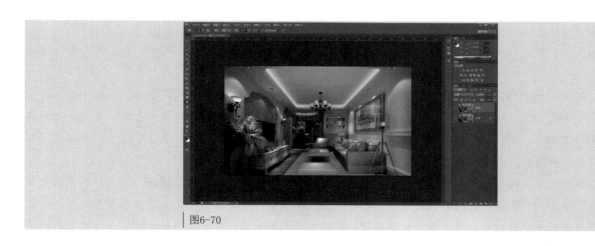

图6-70

图6-71

图6-72

6.3.2 色阶命令

"色阶"命令也是用于调整图像的色调和颜色，相比"亮度/对比度"而言，"色阶"命令可以使图像整体调整，其功能更为强大（图6-73），可以通过设置"暗、灰、高光调""黑、白、灰场"以及"RGB通道"来调整图像的明暗层次和色调。

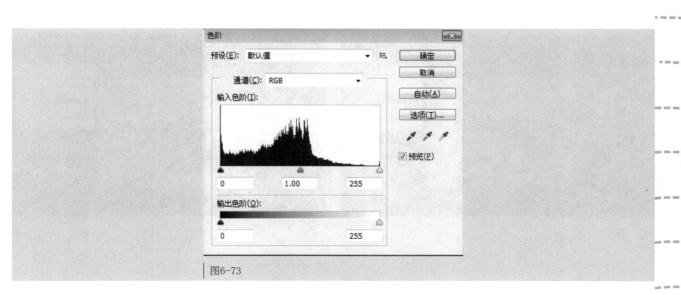

图6-73

课内练习

①打开本书配套资源"学习资源"→"ZY06"→"07.jpg"文件，执行组合键"Ctrl+J"，将背景图层复制一层。

②执行"图像"→"调整"→"色阶"菜单命令或组合键"Ctrl+L"，在弹出的"色阶"面板中拖动滑块（图6-74），重新设置图像色阶，3个滑块分别代表"暗、灰、高光调"，往左滑动相应的色调会变亮，往右滑动相应的色调会变暗；去掉"预览"勾选观察对比效果，可以观察到，图像的暗部压得更深，亮部得到了提亮，整体对比度有所增强，设置完成后单击"确定"。

③通过"历史记录"面板返回初始状态，再次执行"色阶"命令，打开"色阶"面板，单击"在图像中取样以设置黑场"吸管，在图像中最暗的区域单击；单击"在图像中取样以设置白场"吸管，在图像中最亮的区域单击，图像整体对比度得到了提升，但图像调整过后色彩偏冷，是因为在设置白场时，选区是图像最亮的区域，其整体偏暖（图6-75）。

④单击"在图像中取样以设置灰场"吸管，在图像中沙发扶手区域的中间调选取，选取后可见图像整体色调恢复正常（图6-76）。

⑤完成后将文件保存。

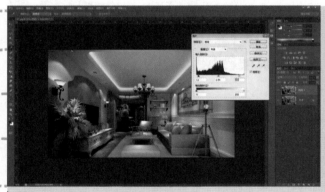

图6-74

图6-75

图6-76

通过"通道"设置，可调整图像的整体色调，通过"历史记录"面板返回初始状态，再次执行"色阶"命令，打开"色阶"面板，将"通道"中的"RGB"分别改为"红""绿""蓝"单色通道，色阶调整只调整对应单色通道的"暗、灰、高光调"，其他颜色不受影响（图6-77至图6-79）。

图6-77

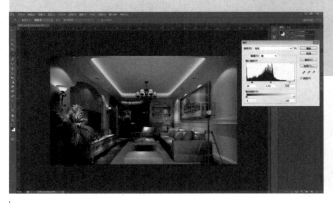

图6-78

图6-79

6.3.3 曲线命令

"曲线"命令和"色阶"命令都可以调整图像的明暗与色调，它是通过曲线来控制图像的明暗与色调，曲线上可以增加14个控制点，对图像进行精确的调整，在RGB模式下，曲线向上弯曲，图像色调调亮；在CMYK模式下，曲线向上弯曲，图像色调调暗(图6-80)。

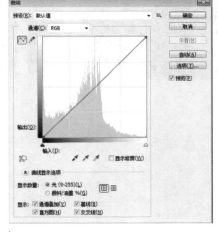

图6-80

课内练习

①打开本书配套资源"学习资源"→"ZY06"→"07.jpg"文件,执行组合键"Ctrl+J",将背景图层复制一层(图6-81)。

②执行"图像"→"调整"→"曲线"菜单命令或组合键"Ctrl+M",在弹出的"色阶"面板坐标图斜线上增加一个控制点,设置曲线(图6-82),通过预览可见图像亮度和对比度明显增强。

③拖动增加的控制点,将其反方向移动,设置曲线,通过预览可见画面整体变暗(图6-83)。

④再次增加控制点,设置曲线如图6-84所示,图像高光区提亮,阴影区压暗,整体对比度增强;设置曲线如图6-85所示,图像对比度降低。

⑤选择增加控制点,按键盘"Delete"键将其删除,设置曲线,并观察设置后图像的最终效果,思考曲线调整后对图像的影响(图6-86至图6-89)。

⑥完成后将文件保存。

图6-81

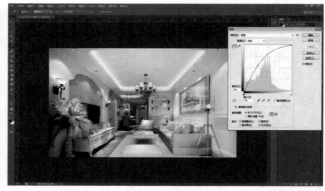

图6-82

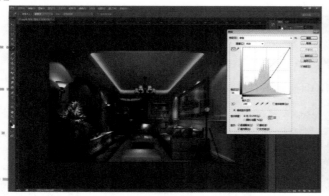

图6-83

图6-84

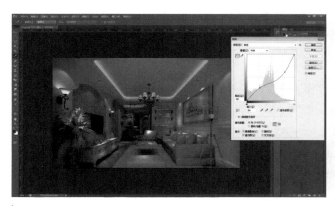

图6-85

图6-86

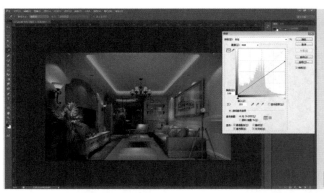

图6-87

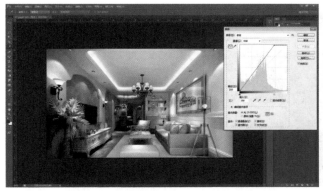

图6-88

图6-89

6.3.4 色相/饱和度命令

"色相/饱和度"命令可以调整图像的色相、饱和度和明度。"色相"就是物体本身颜色的相貌，"饱和度"就是物体颜色的鲜艳程度，数值越高，颜色越纯，"明度"就是颜色的明暗程度。"色相/饱和度"命令不仅可以对整幅图像进行调整，还可对图像单通道进行调整。

课内练习

①打开本书配套资源"学习资源"→"ZY06"→"08.jpg"文件，执行组合键"Ctrl+J"，将背景图层复制一层(图6-90)。

②执行"图像"→"调整"→"色相/饱和度"菜单命令或组合键"Ctrl+U"，在弹出的"色相/饱和度"面板中可拖动"色相""饱和度""明度"滑块(图6-91)，通过预览可见色彩和明度的变化。

③可通过"预设"下拉框选择其他Photoshop预设的色彩样式(图6-92)。

④选择"色相/饱和度"面板左侧下方的"图像调整工具"，将光标放置在要调整颜色的区域，单击并拖动鼠标，此时调整的是选择颜色的通道，往右即增加饱和度，往左即降低饱和度(图6-93)；如果按住"Ctrl"键拖动鼠标，可以改变图像的色相(图6-94)。

⑤勾选"着色"选项，如果"前景色"为默认的黑白色，图像会转换为红色(图6-95)，如果"前景色"设置了其他颜色，图像会被当前前景色覆盖(图6-96)。

⑥完成后将文件保存。

图6-90

图6-91

图6-92

图6-93

图6-94

图6-95

图6-96

6.3.5 色彩平衡命令

"色彩平衡"命令可以调整图像的色调，用于对图像颜色的校正。可以分别对阴影、中间调和高光进行色彩处理。

课内练习

①打开本书配套资源"学习资源"→"ZY06"→"09.jpg"文件，执行组合键"Ctrl+J"，将背景图层复制一层（图6-97）。

②执行"图像"→"调整"→"色彩平衡"菜单命令或组合键"Ctrl+B"，在弹出的"色彩平衡"面板中，相对应的两个颜色为互补色，提高某种颜色的比重时，位于另一侧的补色会相应减少（图6-98）。

③将滑块滑向"红色"，图像增加红色，减少青色（图6-99），其余调整可拖动滑块（图6-100至图6-104）。

④将参数还原默认，图像"中间调"整体调整偏冷(图6-105)。

⑤将图像"阴影"整体调整偏冷(图6-106)；最后将图像"高光"整体调整偏暖，让图像有一定的冷暖对比(图6-107)。

⑥完成后将文件保存。用色彩平衡调整图像色彩时，勾选"保持明度"可保持图像色彩在调整的同时，明度不变，系统默认为勾选。

图6-97

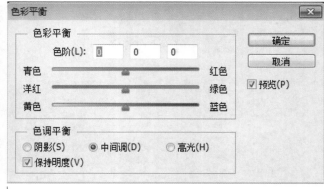

色彩平衡

色彩平衡

色阶(L): 0　0　0

青色　　　　　　　　　　　红色
洋红　　　　　　　　　　　绿色
黄色　　　　　　　　　　　蓝色

色调平衡
○ 阴影(S)　　⦿ 中间调(D)　　○ 高光(H)
☑ 保持明度(V)

确定
取消
☑ 预览(P)

图6-98

图6-99

图6-100

图6-101

图6-102

图6-103

图6-104

图6-105

图6-106

图6-107

6.3.6 黑白和去色命令

"黑白和去色"命令可以将图像的颜色信息丢弃，保持图像的明度关系，使图像变成黑白图。

课内练习

①打开本书配套资源"学习资源"→"ZY06"→"10.jpg"文件，执行组合键"Ctrl+J"，将背景图层复制一层（图6-108）。

②执行"图像"→"调整"→"去色"菜单命令或组合键"Shift+Ctrl+U"（图6-109）。

③执行"图像"→"调整"→"黑白"菜单命令或组合键"Alt+Shift+Ctrl+U"，此时画面已变成黑白效果，在弹出的"黑白"对话框中可调整对应色彩的比重，如增加黄色比重，图像中对应黄色区域则变亮（图6-110）。

④还可使用"图像"→"模式"→"灰度"菜单命令将图像变为黑白图，执行命令后会弹出"确认扔掉颜色信息"对话框，单击扔掉即可完成（图6-111）。

⑤对比三种方式得到的黑白图，"灰度"模式得到的黑白层次效果最好，"黑白"模式效果其次，"去色"模式得到的黑白层次效果最差。

⑥完成后将文件保存。

图6-108

图6-109

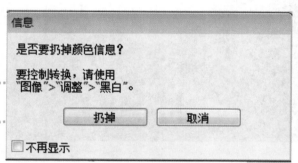

图6-110

图6-111

6.3.7 照片滤镜命令

"照片滤镜"命令可以模拟在相机镜头前增加一个彩色滤镜效果，实现改变图像色调的作用。

课内练习

①打开本书配套资源"学习资源"→"ZY06"→"11.jpg"文件，执行组合键"Ctrl+J"，将背景图层复制一层（图6-112）。

②执行"图像"→"调整"→"照片滤镜"菜单命令，弹出"照片滤镜"对话框（图6-113），可以使用Photoshop预设的滤镜（图6-114），也可单独设置滤镜"颜色"和"浓度"。

③设置"滤镜"为"加温滤镜（85）"，浓度为45%（图6-115）。

④设置"滤镜"为"加温滤镜（81）"，浓度为45%（图6-116）。

⑤设置"滤镜"为"冷却滤镜（80）"，浓度为45%（图6-117）。

⑥设置"滤镜"为"冷却滤镜（82）"，浓度为45%（图6-118）。

⑦完成后将文件保存。

图6-112

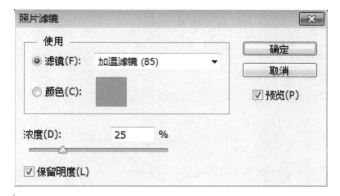

图6-113

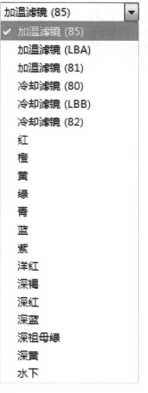

图6-114

图6-115

图6-116

图6-117

图6-118

6.3.8 曝光度命令

"曝光度"命令可以调整图像的曝光效果。

课内练习

①打开本书配套资源"学习资源"→"ZY06"→"12.jpg"文件，执行组合键"Ctrl+J"，将背景图层复制一层(图6-119)。

②执行"图像"→"调整"→"曝光度"菜单命令，弹出"曝光度"对话框(图6-120)，提供3个参数设置，"曝光度"控制图像整体曝光效果，往左降低曝光效果，往右提高曝光效果；"位移"控制阴影和中间调的效果，可以让其变暗增强对比；"灰度系数校正"控制高亮区域的图像颜色。在"预设"中提供了4种预设曝光效果(图6-121)。

③依据图像本身效果及调整参数，可将"曝光度"提高，"位移"降低(图6-122、图6-123)。

④完成后将文件保存。

图6-119

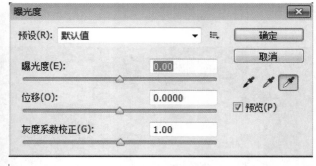

图6-120

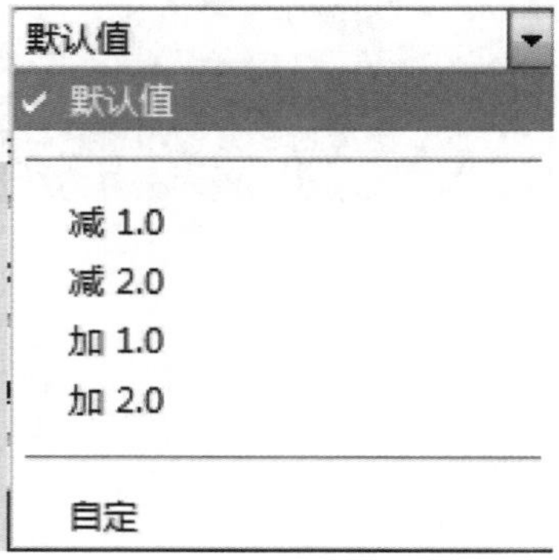

图6-121

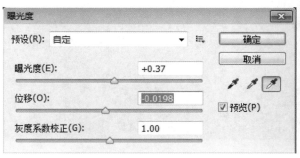

图6-122

图6-123

6.3.9 自然饱和度命令

"自然饱和度"命令可以调整图像的饱和度，与"色相/饱和度"命令非常类似，区别在于"自然饱和度"命令调整饱和度效果较为轻微，并非"色相/饱和度"命令对图像进行无区别的调整，"自然饱和度"命令是针对图像中色彩不够饱和的部分进行调整，对饱和度足够的区域不进行处理，效果比"色相/饱和度"更为细腻，而且能有效防止图像调整过度产生的过于艳丽的效果。

"自然饱和度"命令对话框，操作非常简单，此处不做详细讲解(图6-124)。

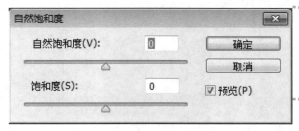

图6-124

6.3.10 匹配颜色命令

"匹配滤镜"命令可以将一幅图像（源图像）的色彩匹配到目标图像，实现改变目标图像色调的效果。

课内练习

①打开本书配套资源"学习资源"→"ZY06"→"13.jpg"与"ZY06"→"14.jpg"文件(图6-125、图6-126)，此练习需要将源图像（花朵）色彩匹配到目标图像（效果图），执行组合键"Ctrl+J"，将目标图像背景图层复制一层(图6-127)。

②执行"图像"→"调整"→"匹配颜色"菜单命令，弹出"匹配颜色"对话框中将"源"选择"13.jpg"（图6-128）。

③可以设置"明亮度"和"颜色强度"来改变图像的明度和饱和度(图6-129)。

④此时图像匹配的色调仍然过强，可以调整"渐隐"参数来匹配颜色量，数值越高，调整强度越弱；"中和"选项可以中和源图像和目标图像的颜色，勾选后可以消除图像中的色彩偏差，在一般情况下把"渐隐"与"中和"互相配合进行调整(图6-130)。

⑤完成后将文件保存。

图层：显示当前打开源文件的所有图层。

载入与存储统计数据：可以载入或存储需要匹配的源对象或图层的颜色数据。

图6-125

图6-126

图6-127

图6-128

图6-129

图6-130

6.3.11 可选颜色命令

"可选颜色"命令可以调整印刷油墨的含量来控制颜色。印刷颜色由青、洋红、黄、黑4种油墨组成，"可选颜色"面板如图6-131所示，可以通过修改主要颜色的含量来调整图像的色调，但不影响其他主要颜色，例如可以减少红色图像中的青色，但蓝色图像中的青色不变(图6-132)。

方法分为"相对"方式和"绝对"方式，"相对"方式可按照总量的百分比修改青色、洋红、黄色和黑色的数量，"绝对"方式是用颜色的绝对值来调整颜色。

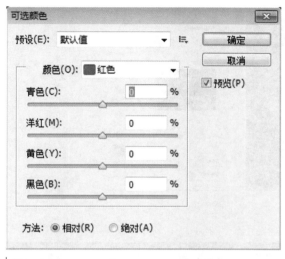

图6-131

图6-132

6.3.12 替换颜色命令

"替换颜色"命令可以用"吸管"工具将图像中选定的颜色替换为其他颜色，颜色的替换是通过更改选定颜色的"色相""饱和度""明度"来实现的。"替换颜色"命令与"色彩范围"命令相同，多了"色相""饱和度""明度"的调整参数，可以进行设置。

课内练习

①打开本书配套资源"学习资源"→"ZY06"→"15.jpg"文件(图6-133)，执行组合键"Ctrl+J"，将目标图像背景图层复制一层，此练习需要将图像墙面的颜色进行更换。

②执行"图像"→"调整"→"替换颜色"菜单命令，弹出"替换颜色"对话框(图6-134)。

③使用"吸管"工具，单击图像中橙色的墙面，"容差"值设置为60左右(图6-135)。

④使用"添加到取样"吸管工具，将"容差"值改低，单击预览图中黑色部分的墙面，可反复调整"容差"值和反复吸取墙面，此时在预览图中橙色的墙面已经与沙发等对象有了明显的黑白区别(图6-136)。

⑤单击"替换"的结果色块，在弹出的"拾色器（结果颜色）"中改变颜色，可见墙面的颜色已经改变，但存在边缘处有窜色的现象，这是由于之前用"吸管"工具不完整导致的(图6-137)。

⑥可用"仿制图章"工具进行取样，将周边颜色进行仿制匹配(图6-138)。

⑦完成后将文件保存。

颜色容差：用量控制颜色的选择精度，数值越高，选择的颜色范围越广。

选区/图像：勾选"选区"，可在预览区中显示代表选区范围的蒙版（黑白图像），黑色代表未选择区域，白色代表选择区域，灰色代表部分被选择区域，勾选"图像"，则会显示图像内容，不显示选区。

图6-133

图6-134

图6-135

图6-136

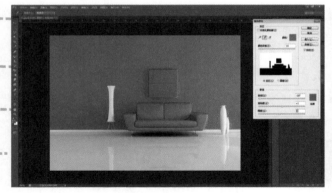
图6-137

图6-138

本章节练习

在处理室内外设计效果图时，最主要是调整效果图的色调、亮度和对比度，通过本章节学习的调整命令来实战效果图的后期处理。

①打开本书配套资源"学习资源"→"ZY06"→"16.jpg"文件，执行组合键"Ctrl+J"，将目标图像背景图层复制一层(图6-139)。

②执行组合键"Ctrl+L"，打开"色阶"对话框。将暗部压暗，亮部提亮，中间调适当压暗(图6-140)。

③执行组合键"Ctrl+B"，打开"色彩平衡"对话框。将暗部色调调整为偏天空光冷调(图6-141)，高光色调调整为偏灯光照明的暖调(图6-142)。

④执行"图像"→"调整"→"曝光度"菜单命令，弹出"曝光度"对话框，将曝光度适当提高，位移适当降低(图6-143)。

⑤执行"图像"→"调整"→"自然饱和度"菜单命令，弹出"自然饱和度"对话框，适当增加自然饱和度(图6-144)。

⑥执行"图像"→"调整"→"亮度/对比度"菜单命令，弹出"亮度/对比度"对话框，适当增加亮度和对比度(图6-145)。

⑦最终完成效果如图6-146所示。

⑧完成后将文件保存。

使用"调整"命令进行效果图后期处理，这是调整效果图明度、对比度、饱和度和色调的主要方法，还可附加滤镜、图层等进行细致调整，有兴趣的读者朋友可以依据自己的想法进行尝试练习。

图6-139

图6-140

图6-141

图6-142

图6-143

图6-144

图6-145

图6-146

第7章　Photoshop 室内彩色平面图后期制作

室内彩色平面图是在AutoCAD图纸的基础上通过Photoshop软件制作真实的地面、家具效果，相比AutoCAD黑白线图，Photoshop室内彩色平面图更为直观，其艺术表现力更强，使用Photoshop软件制作室内彩色平面图是室内设计师必须要掌握的技能。

7.1 项目介绍

该项目是三室两厅两卫的家居户型(图7-1)，先使用Photoshop对墙体、门窗、地面进行填色和材质纹理制作，再调入对应的家具及配饰素材，最后对图像进行整体色调的调整(图7-2)。

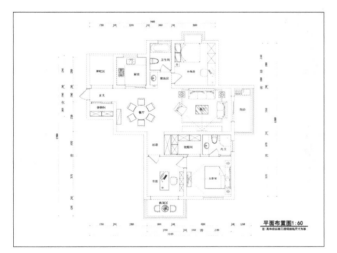

图7-1

图7-2

7.2 填色及纹理制作

7.2.1 打开AutoCAD图纸文件

课内练习

打开本书配套资源"学习资源"→"ZY07"→"01.jpg"文件(图7-3)。

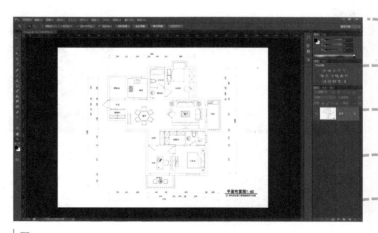

图7-3

7.2.2 填充墙体和窗户颜色

课内练习

①使用"缩放"工具（快捷键Z），将图像放大，再使用"魔棒"工具（快捷键W），选择"添加到选区"为墙体创建选区(图7-4)；配合"空格"键使用"抓手"工具移动图像，使用"魔棒"工具为所有墙体创建选区(图7-5)。

②新建一个图层，并将其命名为"墙体填充"（图7-6）。

③设置"前景色"为黑色，使用"油漆桶"工具（快捷键G）在"墙体填充"图层上为墙体填充黑色(图7-7)，完成后执行组合键"Ctrl+D"取消选区。

④新建一个图层，并将其命名为"窗户填充"，使用"矩形"工具（快捷键M）和"多边形套索"工具（快捷键L），选择"添加到选区"为窗户创建选区；设置"前景色"为蓝色，在"窗户填充"图层填充(图7-8)，完成后将"窗户填充"图层"不透明度"设置为65%左右(图7-9)。

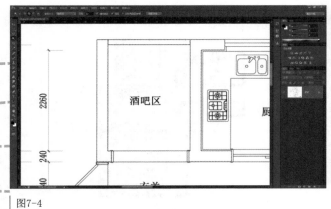

图7-4

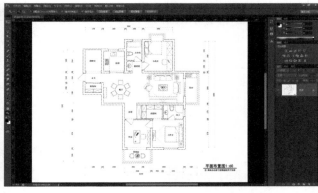

图7-5

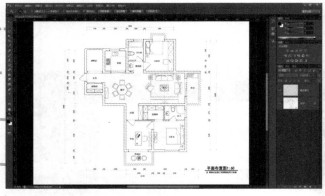

图7-6

图7-7

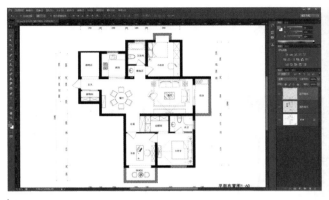
图7-8

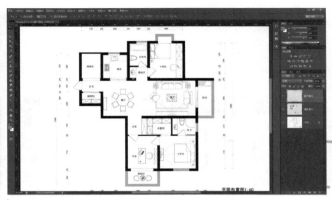
图7-9

7.2.3 制作地面材质纹理效果

课内练习

①打开本书配套资源"学习资源"→"ZY07"→"地砖.jpg"文件(图7-10)。

②执行"编辑"→"定义图案"菜单命令，在弹出的"图案名称"对话框中单击"确定"，将地砖素材定义为图案(图7-11)。

③回到项目文件，新建一个图层，并将其命名为"地砖纹理"(图7-12)。

④使用"多边形套索"工具，在"地砖纹理"图层上为地砖区域创建选区，如果创建过程中出现操作失误，可使用"加选"或"减选"命令对选区进行调整(图7-13)。

⑤使用"油漆桶"工具为选区填充任意的颜色(图7-14)；单击"图层"面板下方"图层样式"按钮，在弹出的"图层样式"选项栏中选择"图案叠加"选项(图7-15)，在"图案"选项中选择已经定义好的"地砖"图案，并调整好缩放比例(图7-16)，使用"移动"命令调整好地砖纹理的位置，完成后单击"确定"(图7-17)。

⑥使用相同的方法制作厨卫防滑地砖、其他房间木地板的纹理，注意要新建对应的图层(图7-18)。

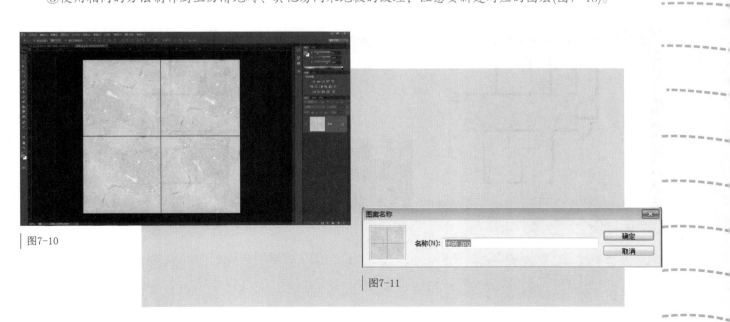
图7-10

图7-11

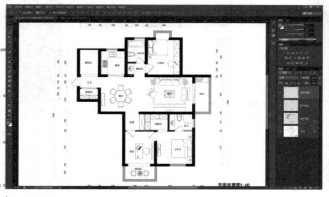

图7-12

图7-13

图7-14

图7-15

图7-16

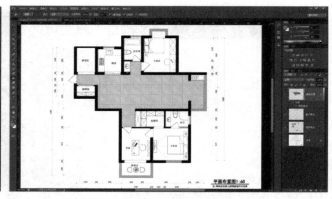

图7-17

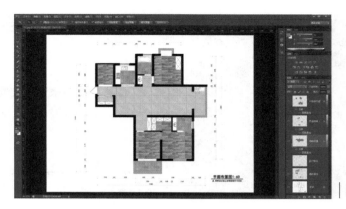

图7-18

7.2.4 制作门槛石和窗台石纹理效果

课内练习

①可用定义图案的方法制作门槛石，在选区时要注意留出推拉门的位置(图7-19)。

②使用相同的方法制作窗台和橱柜台面的纹理效果(图7-20)。

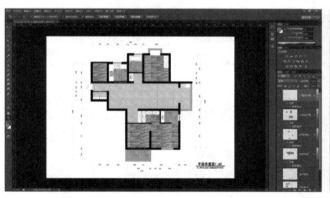

图7-19

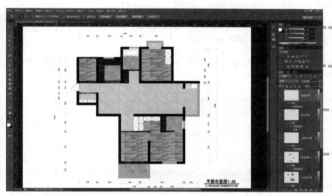

图7-20

7.2.5 制作柜子的木纹效果

课内练习

①打开本书配套资源"学习资源"→"ZY07"→"木纹.jpg"文件(图7-21)，将其拖拽至项目文件中来，执行组合键"Ctrl+T"调整其大小，让其适配衣帽间柜子的大小(图7-22)。

②将图层名称改为"柜子木纹"，并将该图层拖拽至"创建新图层"按钮，复制出"柜子木纹副本"图层(图7-23)，执行组合键"Ctrl+T"调整其大小和角度，适配衣帽间左侧的柜子大小(图7-24)。

③再次复制图层，执行组合键"Ctrl+T"调整其大小，制作左侧柜子(图7-25)。

④使用相同的方法制作其他柜子的木纹效果(图7-26)。

⑤选择其中一个"柜子木纹"图层，按住"Ctrl"键将相关的图层全部选择，点击右键合并图层，并将合并后的图层命名为"柜子木纹"(图7-27)。

⑥为"柜子木纹"图层添加"图层样式"→"投影"命令(图7-28)。

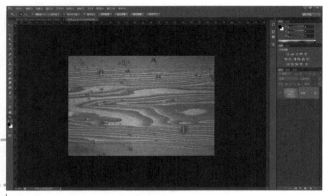

图7-21

图7-22

图7-23

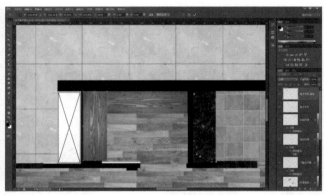

图7-24

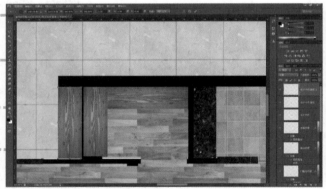

图7-25

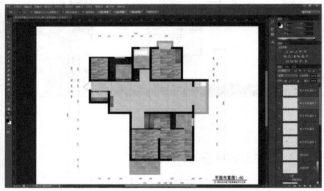

图7-26

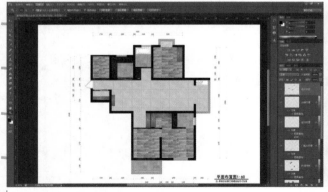

图7-27

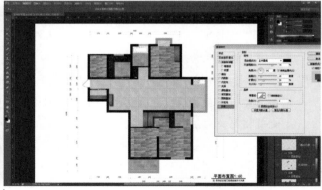

图7-28

7.3 调入家具及饰品素材

课内练习

①打开本书配套资源"学习资源"→"ZY07"→"家具饰品素材.psd"文件(图7-29)。

②选择最上方图层,按住"Shift"键的同时选择最下方图层,将所有图层选中,单击右键"链接图层"将所有图层链接在一起(图7-30)。

③保持所有图层被选中状态,将图中所有对象拖拽至项目文件,并调整其位置(图7-31)。

④保持调入图层被选择,右键单击"取消图层链接"(图7-32),并执行组合键"Ctrl+G"为选中图层创建组(图7-33),并将组名改为"调入家具"。

⑤在图层组名称旁空白区域双击鼠标,为图层组添加"图层样式"→"投影"命令(图7-34)。

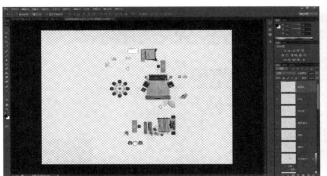

图7-29

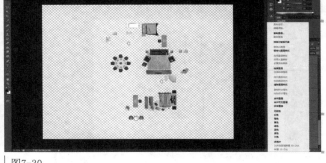

图7-30

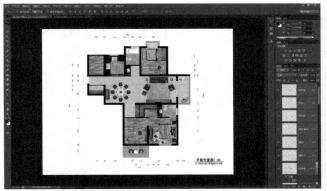

图7-31

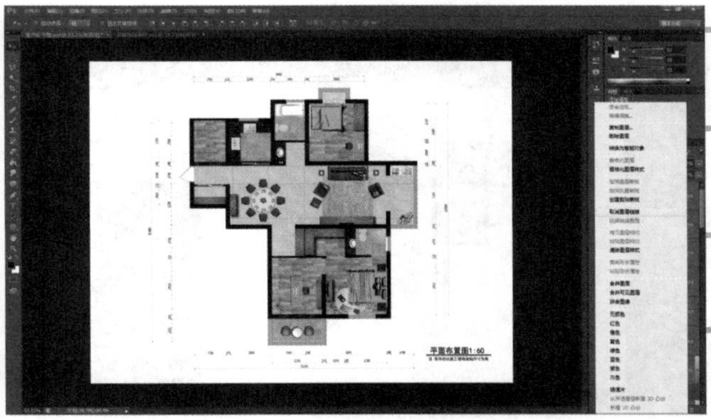

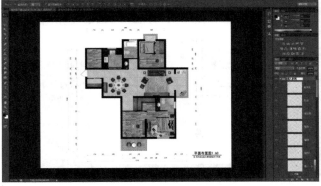

图7-33

图7-32

图7-34

7.4 图像色彩调整

课内练习

①执行组合键 "Ctrl+Shift+Alt+E" 对图像进行盖印(图7-35)。

②执行组合键 "Ctrl+M" ，打开曲线，设置曲线样式(图7-36)，适当增加图像对比度。

③执行组合键 "Ctrl+B" ，打开色彩平衡，将中间调适当调整为偏冷效果(图7-37)。

④执行 "滤镜"→"模糊"→"高斯模糊" ，适当调整图像的模糊程度(图7-38)。

⑤将图层的混合模式改为 "柔光" (图7-39)。

⑥执行"图像"→"调整"→"曝光度" ，适当提亮图像的暗部(图7-40)。

⑦执行"图像"→"调整"→"自然饱和度" ，适当增加图像的饱和度(图7-41)。

⑧最终完成效果(图7-42)。

图7-35

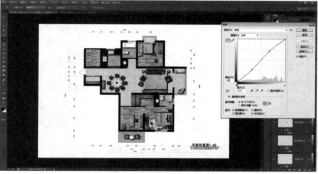

图7-36

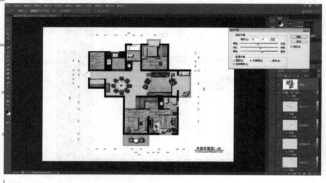

图7-37

图7-38

图7-39

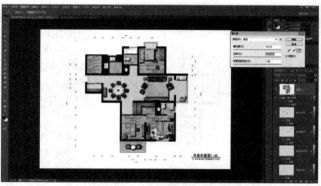

图7-40

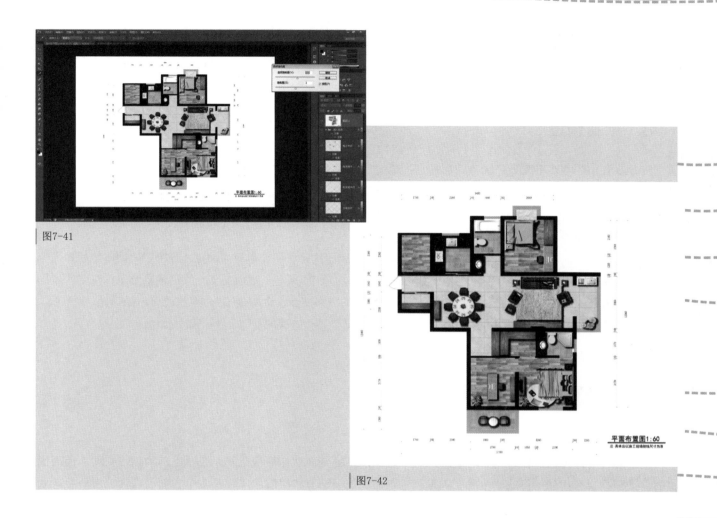

图7-41

图7-42

　　本章节学习了室内彩色平面图的制作方法和流程，从AutoCAD图纸着手，首先进行墙体、门窗的填色，其次制作地面的材质纹理效果，再次导入家具和饰品的素材，最后进行整体色调的调整。从难度上来说，室内彩色平面图制作难度不高，但需要较好地把握家具的尺寸、各图层的管理，特别是图层，不要直接在背景图层上开始填色制作；新增加的图层也要对应好名称，一幅好的室内彩色平面图，不仅看效果，还看制作者对图层的管理。

　　室内彩色平面图的制作方法可以扩展至室内彩色立面图的制作，在平时的学习过程中注意资料的收集，好的材质纹理、家具饰品模块对完成彩色平立面图有着事半功效的作用。

第8章　Photoshop 室外彩色平面图制作

8.1 项目创设

Photoshop软件对于室外环境（城乡规划、建筑、景观）设计师来说,是一个必须要掌握的绘图表现工具，它依靠自己强大的后期处理工具，将简单的方案线稿和创意，深化成让人直观感受的艺术作品，因此在操作过程中除了要熟悉软件的工具使用和处理手法，更多的是要根据不同的设计内容和要求，融入空间设计和形象设计的创作理念，将设计很好地表现出来。

在具体方案设计过程中，我们除了运用Photoshop完成图片处理和文本版面编排、分析图的制作等基本内容以外，主要完成的核心内容有：平面图、立面图（色彩、材质和形象）、透视图（空间形象展示），在制作过程中对于设计方案的调整、最终效果的形成以及下一个阶段的方案初步设计和施工图的完成都有一定的指导价值。

接下来主要以室外彩色平面图的制作和透视效果图的制作这两个方面的案例来介绍在Photoshop软件。

8.2 室外彩色平面图的制作

8.2.1 项目分析

室外彩色平面图的制作，需要表现的是除了建筑以外的全部室外景观空间，包括地形的高差处理、地面的材质、景观构架和小品的样式、植物空间形态的表达、景观细节和材质的体现等多个方面的内容，由于会有大量的重复工作，本章只详细讲解中间的经典步骤，类似的和重复的内容，靠读者自己的理解来完成。

8.2.2 项目流程的制作

1.前期的准备

在制作平面图之前应该对现有的资料进行整理，并对方案内容具有一定的认识和理解，因为Photoshop软件是一个接口十分丰富的"中间软件"，可以与多个软件进行导入导出（常用的格式有JPEG、EPS、PDF），非常方便，但如果前期方案是由手绘完成的平面图，为了保证尺寸和体量上的标准性以及节约更多的时间，我们常用的方式是通过导入CAD将景观环境需要的平面信息体现出来。

（1）CAD平面图的内容及细化程度：

①整个环境场地内的原始地形图（包括原始的等高线、原有房屋和场地情况）及设计后的地形状况（等高线、挡墙、微地形）。

②场地内道路的线型和收边，地面停车场的布置（具体到每一个停车位的大小和排布），有地下车库的地方要有车库出入口上方雨棚的样式和大小。

③场地内的铺装和广场的具体位置和尺寸，注意铺装只需要细化到收边和基本的线条分隔，不需要把铺装的具体样式进行填充。

④场地内的景观建筑的顶视图。

⑤场地内建筑的首层平面图。

（2）为了高效地绘图，我们首先要对CAD软件进行相关的整理，然后进行线稿制作，具体流程如下：

①关闭原有CAD图层中不需要的内容，比如建筑内部的家具摆设，原始地形中的坐标、尺寸标注、文字标注等内容，只保留原始地形图中对彩色平面图有用的信息。

②将所有图层进行标高清零处理并检查线条是否闭合，没有闭合的用EX命令连接，多余的线条要打断，不同材质的填充在CAD里面需要将线条闭合，明确每个图层的名称（道路、建筑、植物、原始地形图等）以便于分层导出需要的线稿内容。

③将要绘图的区域设置图框，以便分层打印时保持同一位置和大小。

④将整理好的CAD分层打印，一般分为原始地形图、道路建筑图、植物图三个图层，如果方案里的植物没有前期在CAD中完成就不需要导入，可直接在Photoshop中完成，按"Crtl+P"出现打印页面，在打印机名称一栏下拉菜单中将打印的格式设置为EPS格式，并勾选"打印到文件"，图纸尺寸选A1或者A0(图8-1)。

注意：JPEG格式不能用来作为正式平面图的线稿，因为放大后不够清晰，如果没有添加EPS打印格式，打开CAD界面中文件下的绘图仪器管理器(图8-2)，鼠标左键双击"添加绘图仪向导"（图8-3），点击"下一步"5次，看到页面内容(图8-4)，将绘图仪名称更改为EPS，点击"下一步"添加成功。

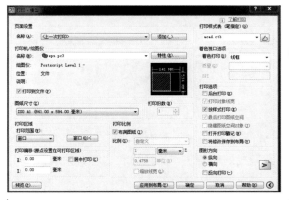

图8-1

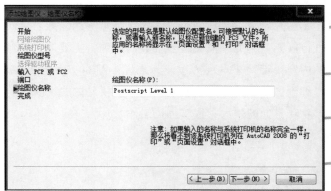

图8-2

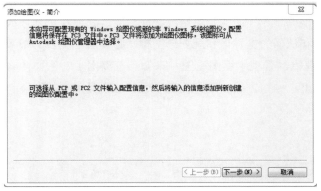

图8-3

图8-4

　　⑤设置打印线条，一般在CAD绘图中我们会按照标准的线型绘制，但是如果作为初步概念方案阶段在没有很细致的CAD图的情况下，我们可将建筑的外轮廓线设置为粗线，道路和平台边线设置为中粗线，微地形和铺装的收边线和内部分块线设置为细线，原始地形设置为灰色细线。

　　注意：打印格式色彩的设置为黑白，点击打印页面右边的编辑命令（图8-5），点击上方笔的图标按键（图8-6），选取第一个颜色，按住Shift键，下拉右边的滑竿，点选最后一个颜色，当底色全部变蓝后，选取右边的颜色为黑色（图8-7），点击"保存并关闭"。打开打印预览，看到的线稿全部为黑色的线，如地形需要灰色线可以选取地形的色彩，设置淡显效果。

图8-5

图8-6

图8-7

2.方案的前期分析

　　在准备好前期的部分平面图后，我们要对方案进行进一步的分析和推敲，主要是针对CAD，对要深入表达的内容进行基本的了解和分析，在作图之前应该根据场地大小和类型找好想要表现的风格和内容，并准备好相应的填充材质和植物图例。

　　一般来说，大的城乡规划、景观规划和景观设计图纸主要以区分色块和功能空间为主（山地、水面、道路、广场、建筑和构架）加上植物群落的基本体现（区分出密林、草地、田地、行道树和特型树）。图8-8所示是某滨水两代城市规划设计彩色平面图（图片来源：花瓣网），主要通过色块来区分房屋建筑、水系走向、主要路网的线型、山林植物群落和空旷草地空间等设计要素；图8-9所示是国外某大学校园景观规划彩色平面图（图片来源：花瓣网），因为场地范围比较大，且此阶段的彩色平面图主要是对功能空间和交通及室外环境进行规划，因此不需要过多细节的体现，主要以大的色调和块面为主，但和规划总图相比它具备了更多的细节和内容；而对于景观方案设计来说，图8-10所示是某商业街的景观平面图（图片来源：花瓣网），图面内容详细到道路收边、地面材质的色彩和拼贴方式、乔木的选型、种植方式，灌木的色彩区分、小品雕塑的形态、人物和其他配景的布置等细化工作。

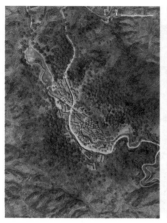
图8-8

图8-9

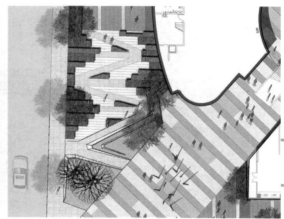
图8-10

　　在项目类型和设计阶段，我们需要做到胸有成竹，根据自己选取平面图的表现风格和手法来寻找相关素材。

　　一般常用的平面图风格有：

　　①手绘风格平面图：主要运用于比较细化和精致风格的中小型场地，如楼盘、别墅景观，其特点是具有一定的不规则性，形成一种手工化的感觉（图8-11）。

　　②写实风格彩色平面图：适合于各种不同类型的场地，大范围面积的彩色平面图主要运用于大的自然风格的公园、风景区。小范围面积的彩色平面图主要运用于对材质和质感要求比较高的街头公园的儿童活动区（图8-12）和街头花园（图8-13）。

　　③简约风格彩色平面图：用相对简单的素材和色调进行图面表现的一种手法，材质和色彩之间没有过大的对比和反差，能在简约的线条和内容中看到重点和细节（图8-14）。

　　④清新风格彩色平面图：与简约风格的彩色平面图比较类似，除了追求简约、大气的整体感觉以外，设计元素更加简单，通常用色彩进行区分，细节上没有过多的装饰，是一种以清新淡雅的颜色为主的艺术风格（图8-15）。

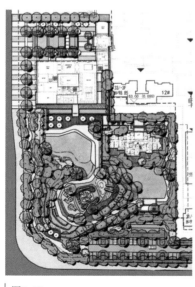
图8-11

图8-12

图8-13

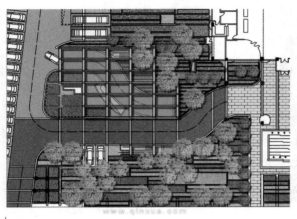

图8-14

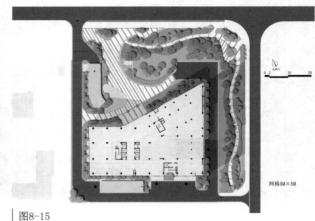

图8-15

3.具体案例的分析

接下来以某别墅庭院景观平面图的制作为例进行详细介绍。

（1）线稿的导入和参数的设置

①打开以别墅命名的CAD软件，打印EPS格式的线稿。

注意：线稿将建筑的首层平面图和地面铺装填充图单独导成线稿图层。

②打开Photoshop软件，将EPS格式的文件拖至Photoshop软件页面，出现参数设置对话框（图8-16），一般软件默认的数据是分辨率为72像素和模式为CMYK颜色，我们将分辨率调高到200后点击"确定"，页面中出现了线稿模式。

注意：CMYK是用来制作印刷图像格式的文件，分辨率根据图纸大小和电脑配置进行设置，最低不能低于150像素。对于比较大的规划图建议设置为300像素，以利于后期彩色平面图局部放大及符合做成展板时的高清图片要求。

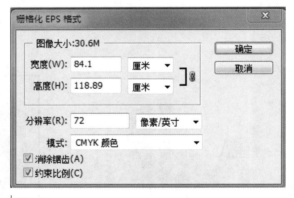

图8-16

③为了看清楚线条，新建图层，如果没有看到图层工具栏，请点击软件上方的窗口命令，找到并勾选图层、历史记录两个常用的工具栏（图8-17），点击右下方倒数第二位图标创建新图层工具，可出现新图层（图8-18），执行组合键"Ctrl+Delete"将图层填充成白色。

注意：如果显示颜色不是白色，就要调整左边的色彩进行选取（图8-19），用鼠标左键点取蓝色，出现拾色器对话框（图8-20），按住鼠标左键将拾色器上的点移动到白色，点击"确定"，再次执行组合键"Ctrl+Delete"将图层填充成白色。

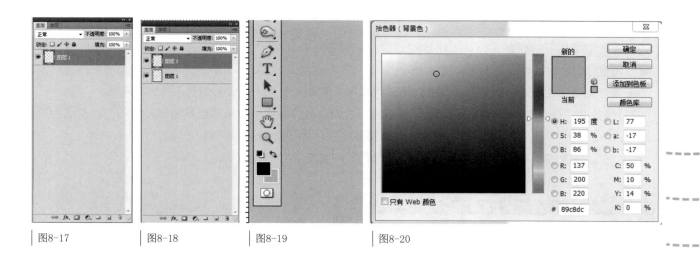

图8-17　　　　　　　图8-18　　　　　　　图8-19　　　　　　　图8-20

④按住"Ctrl+["键将白色图层移至线稿图层下方(图8-21)。

注意：如果要全部预览整个线稿的内容是否完整，可以滚动鼠标中键进行上下调整，也可以按住"Ctrl++/-"键来放大或缩小页面的内容，如果发现线稿有断裂或者不完整的情况，我们需要重新导入图片或者用画线工具进行连接，同时也可以点取页面左边工具栏中的缩放工具（图8-22），在操作页面上方会出现实际像素、适合屏幕、填充屏幕、打印尺寸等命令来观察图面的大小是否合适（图8-23）。

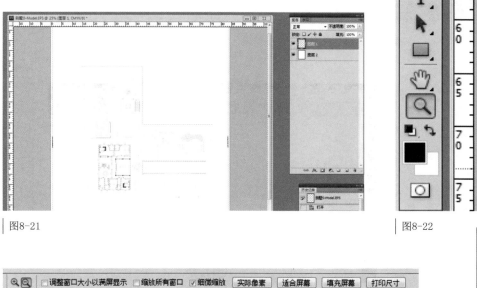

图8-21　　　　　　　　　　　　　　　　　　　　　　　　　　图8-22

图8-23

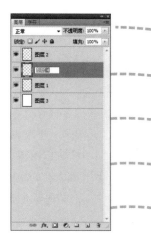

图8-24

⑤接下来将地面铺装填充的图案拖至首层平面图的线稿中，并根据图框位置进行重叠，选择"图像"→"去色"，将内容调整成黑白线稿模式，然后分别根据内容命名。

注意：命名的时候双击图层名称，改成相应的名称即可（图8-24）。

⑥选择图像下面的图像旋转，选择"90°逆时针"将图纸调整成南北向，用裁剪工具将图纸外围多余的内容进行选择（图8-25），将鼠标移到保留画框内的位置，双击鼠标

左键，将多余内容进行裁剪。

⑦选择图像栏下的调整工具，将色阶对话框（图8-26）中的滑动杆向右拉，观察图面的变化，调到最暗的同时调整亮度和对比度。

注意：地面铺装填充的图案和首层平面图的线稿本身就是灰色线，不需要调整色阶和对比度。

⑧复制线稿图层以便于线稿的选择和分层填充，我们选择线稿图层，点击鼠标右键(图8-27)，复制图层成功后，按住"Ctrl+]"键将线稿图层移到最上面并将其锁定(图8-28)。

经过上述步骤的处理，线稿已经能进行素材和色彩的填充了。

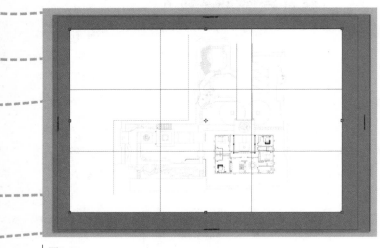

图8-25

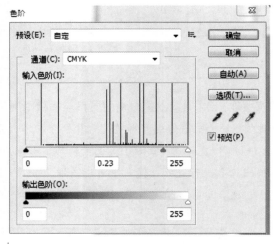

图8-26

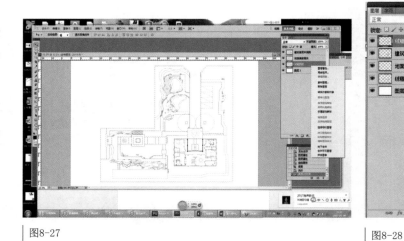

图8-27

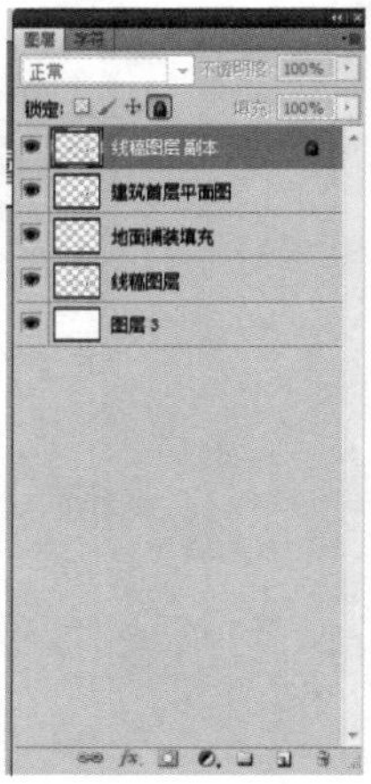

图8-28

（2）草地及地被植物的填充

草地和地被植物是图面中最浅和最深的两种颜色，是控制整个画面的基调色，因此我们在作图时要从大基调开始定，草地的制作方式有两种：一种是颜色填充；另一种是素材门板制作。

①首先我们选取线稿中所有草地的范围，使用"模棒"工具，选择草地范围。

注意：如果我们发现选取周边范围的外边框没有虚线闪动，证明没有添加选取，这时候就要选择"添加到选取工具"（图8-29）。

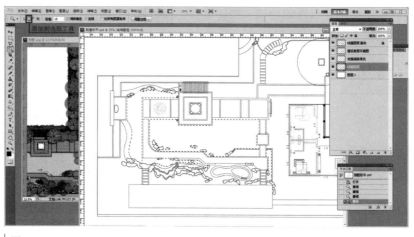

图8-29

②点击新建图层（图8-30），将所选区域在新建的图层内进行色彩填充，将图层名称改为草地，便于后期修改图层内容时能快速地找到相应的图层。

　　注意：如果有要参考的色彩，可以点开拾色器，在背景色的拾色器页面，选择取样工具，从原参考图中吸取颜色（图8-31），点击确定，执行组合键"Ctrl+Delete"将图层填充成要参考的颜色，注意一定要在选区的边框虚线闪动的情况下才能填充(图8-32)。

图8-30

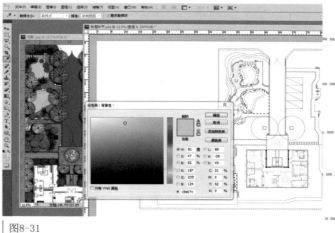

图8-31

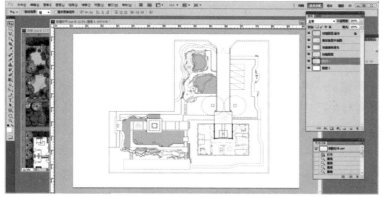

图8-32

③接下来在素材库中找到颜色最深的地被植物的素材，拖至当前的图面中来，把素材移动到图面的地被范围内，将图层名称改为地被（图8-33）。

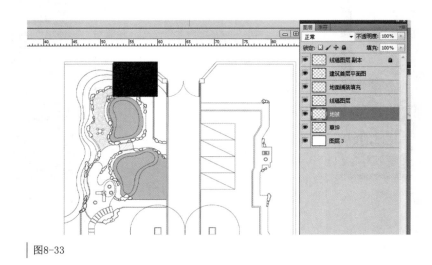

图8-33

④选择线稿图层中的所有地被范围，将鼠标移动到地被素材的位置，点击鼠标右键（图8-34），选择地被图层，点击"添加蒙版"工具，添加蒙版成功（图8-35）。

注意：如果没有将地被图层叠放在所选区域之内，再点击添加蒙版命令以后，地被图层的内容将会在图面上找不到。

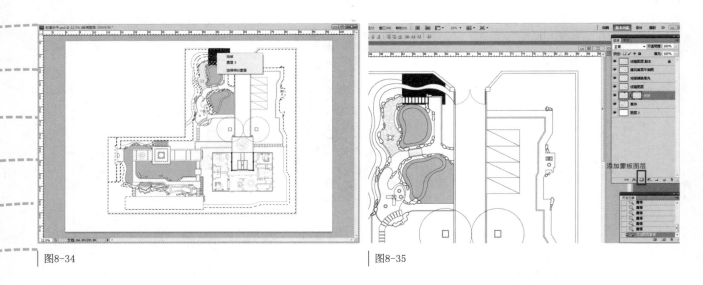

图8-34　　　　　　　　　　　　　　　　　　　　　　图8-35

⑤接下来将所选区域全部覆盖成地被素材内容。点击蒙版图层中间的取消链接蒙版工具，选择页面左边的白框进行编辑，先框选地被素材的范围，同时按住鼠标左键和组合键"Ctrl+Alt"，将所选的区域向其他地被区域拖动复制（图8-36），直到全部覆盖。

注意：在拖动过程中，我们可以在松开按键的时候，按下空格键及鼠标左键，使其变成移动工具，上下左右移动图面范围和大小，以便观察是否将所有内容进行覆盖，可随时执行组合键"Ctrl+S"进行图形保存。

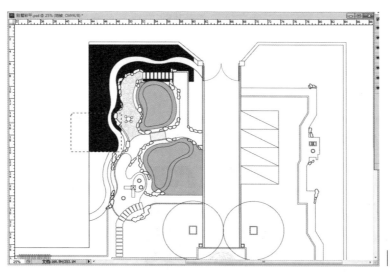

图8-36

⑥当部分内容没有被添加及选择时，需要添加蒙版，在添加蒙版之前将要添加的区域用魔棒工具进行选取，如果有些区域没有封闭线条，需要用画线工具来封闭选取。在画线时为了保证位置准确我们可以勾选视图下面的标尺工具，画面中出现刻度线条，如已经打开就不需要再次勾选，将鼠标移到刻度线边缘，往下拉出线条要达到的区域（图8-37），然后用铅笔工具，顺着参考线条画线，将面封闭。

注意：如果不用标尺参考线，可以按住"Shift"键画线，也能保证线条的平直。

选取需要添加的区域后，点击鼠标右键，选择地被图层右边的黑色蒙版框（图8-38），选择编辑下面的填充项(图8-39)，点击确定，成功添加蒙版，接下来用同样的方法添加选区，复制覆盖成地被素材。

注意：如果添加完蒙版后没有操作成功，其原因是填充对话框的内容没有选择前景色。

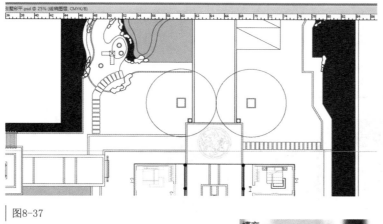

图8-37

图8-38

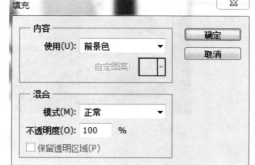

图8-39

⑦接下来将其他中间色过渡的地被区域进行选择，新建图层并进行颜色填充，注意色彩的过渡和渐变，修改图层名称为中间地被层。

⑧将菜地进行简单的色彩填充，填充完后基本的下层颜色已经确定(图8-40)。

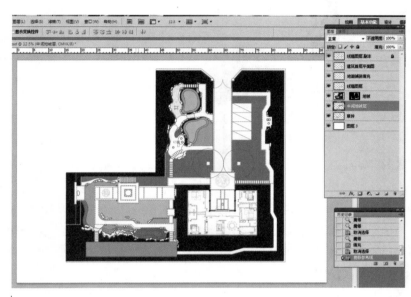

图8-40

（3）道路及铺装的填充

①将车行道进行选择并新建图层，修改名称为车行道，填充基本色彩（图8-41），接着进行材质添加，双击车行道图层蓝色条，出现图层样式对话框，勾选"图案叠加"（图8-42），左键单击"图案叠加"将其变成蓝色，出现相关内容（图8-43），调整不透明度为15％和缩放为50％，同时观察图面的比例，点击"确定"。

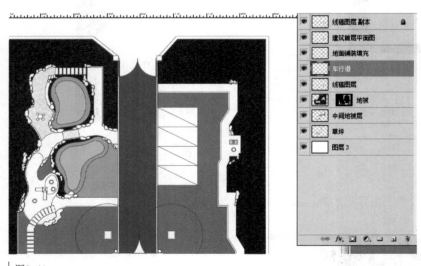

图8-41

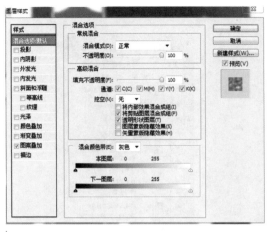

图8-42

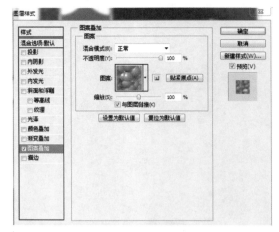

图8-43

②打开素材贴图文件夹中的生态停车位素材（图8-44），将生态停车位铺装素材拖至图面中相应的位置（图8-45），更改名称为生态停车位，运用蒙版工具将材质填充，因为填充的素材需要对缝拼贴，在复制移动到差不多的位置时，我们需要按住"Shift++"键将视图的位置放大，然后通过键盘上下左右键，进行细微地移动和对齐。

注意：如果在选择素材过程中，将素材直接拖入画面当中，那么图像的图层将变成如图8-46所示的形式，而无法进行编辑，因此我们应该点击鼠标右键（图8-47），选取格栅化图层，随后才能进行编辑。

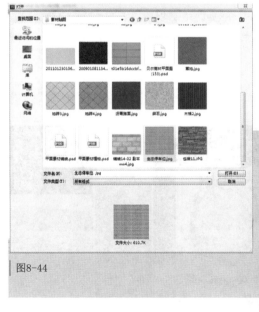

图8-44

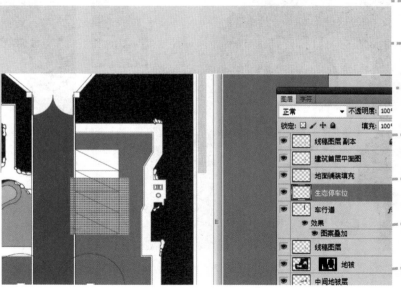

图8-45

图8-47

图8-46

③打开素材贴图中的小石子素材，拖选到画面中，同样运用蒙版工具将素材进行填充，当素材太大，需要缩小比例的时候（图8-48），执行组合键"Ctrl+T"后出现小方框，将鼠标移到一个角上，等变成45°斜角双向箭头的时候，按住Shift键和鼠标左键，将箭头往对角拉动，同时观察图面的大小比例，拉到合适的大小（图8-49），按回车后点击选取工具，同时按住"Ctrl+ Alt"和鼠标左键，将所选范围填满，按组合键"Ctrl+D"完成铺装制作（图8-50），选择地面铺装填充中的部分小石子素材，通过添加蒙版的方式，将其填充完成（图8-51）。

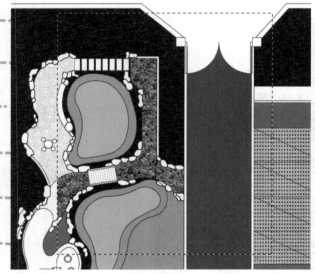

图8-48

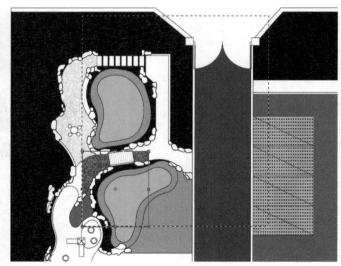

图8-49

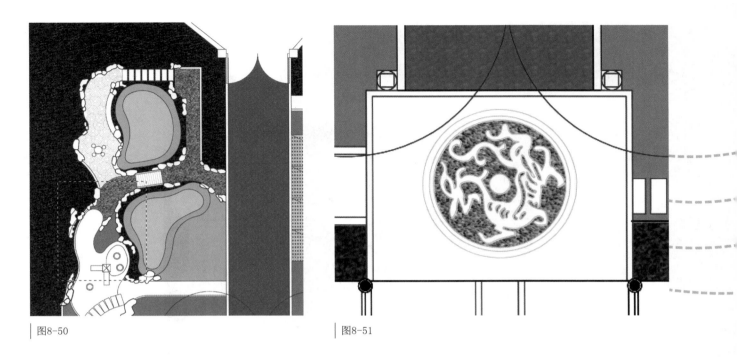

图8-50 图8-51

④将地面铺装的素材拖进图面，进行主要道路铺装的拼贴，因为整体是中式风格，所以选取的素材和拼贴方式应该与整个设计相符合，且主要道路一般采用花岗岩的拼贴方式，我们采用蒙版工具进行大面积的拼贴，注意这种有拼贴纹样的砖要根据道路的方向进行设计。

注意：如遇到小型广场区域，拼贴方向不太适合时（图8-52），我们需要90°旋转材质的方向，这时候按住组合键"Ctrl+T"，将鼠标键移动到四角的任意一角，当双向箭头变成弧形箭头的时候，按住"Shift"键和鼠标左键往顺时针方向旋转90°，按回车键（图8-53）。由于铺装是对缝拼贴，为了保证地砖的完整性，可以按住鼠标左键进行左右上下移动直到铺装样式完整，最后按组合键"Ctrl+D"完成操作。

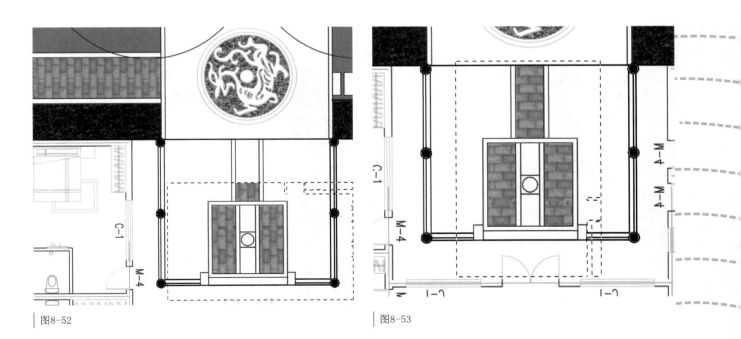

图8-52 图8-53

⑤接下来是广场和其他次要道路的拼贴，注意选取的素材风格和色调要统一，且其他小道路砖的比例要更小一些，只是起到衬托的作用，一个彩色平面图中铺装的样式尽量不要过多，除了木平台外不能超过3种样式，一些平台如果面积过大要进行分块填充，填充样式不宜超过2种（图8-54）。

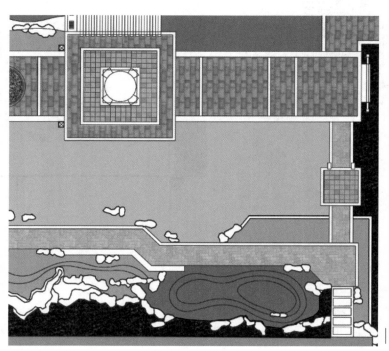

图8-54

⑥接下来完成沙坑的制作，选取沙坑所在范围，新建图层，更名为沙坑，填充黄色的沙子，选择"滤镜工具栏"→"杂色"→"添加杂色"，出现工具栏（图8-55），将数量调到50%（图8-56），点击"确定"。

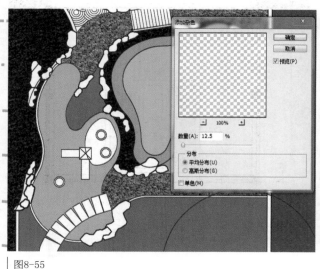

图8-55

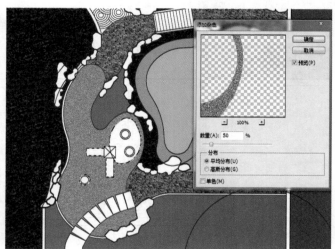

图8-56

⑦接下来将麻石素材拖进图面，运用图层蒙版工具进行铺装。

⑧通过深色的收边来统一整个画面，可将材质的细节进行丰富。

将素材拖进图面，运用图层蒙版工具进行铺装(图8-57)。

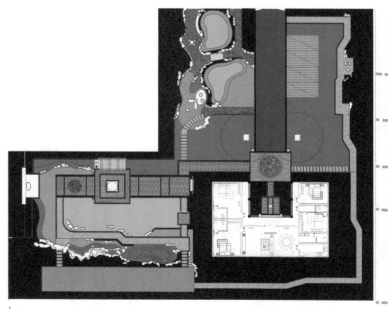

图8-57

⑨最后将图面中地面花纹的亮色进行提亮，选取龙形图案，填充为白色(图8-58)，让整个铺装的色调统一而对比明确。

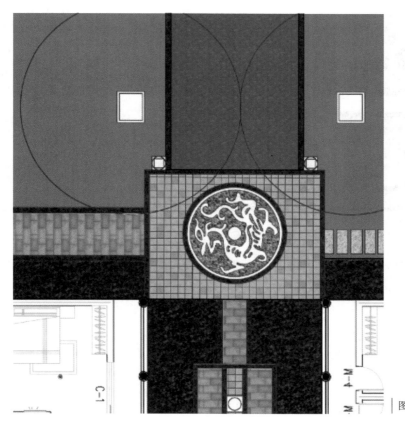

图8-58

（4）植物图例和素材的添加

植物素材的添加方式一种是从素材库选取直接进行配置；另外一种是自己进行制作，在植物布局时要注意植物的大小和品种搭配，一般乔木直径为5m，小乔木直径为2~3m，灌木直径为1~2.5m，配置的原则是从大到小，从上层到下层进行搭配，主要以常绿为主，局部配置彩色和开花植物，但是中式风格整体比较淡雅和厚重，所以植物图例最好不要过于艳丽和复杂。

①打开植物素材库(图8-59)，选择我们需要的图例图层，按住Shift键和鼠标左键，将图层都点选进来，变成蓝色，点击链接图层(图8-60)，创立链接，接下来选取其中任何一个图层，拉动图层拖进现在编辑的图面里，再次点击链接图层命令，解锁后可以进行单独编辑(图8-61)。

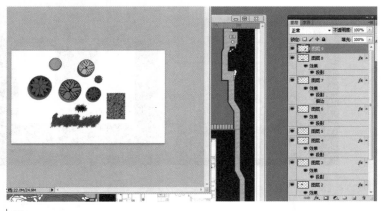

图8-59

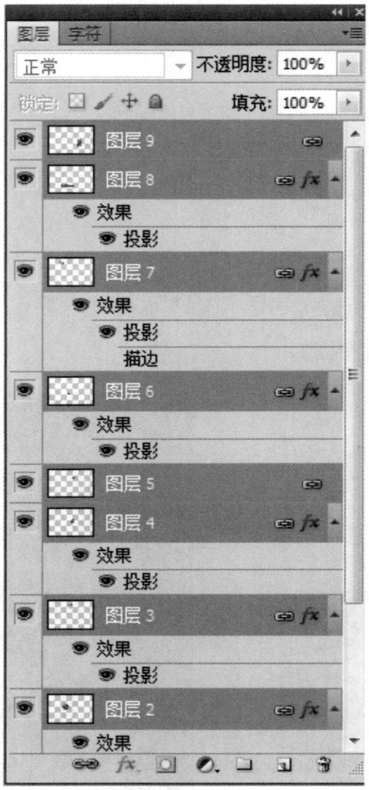

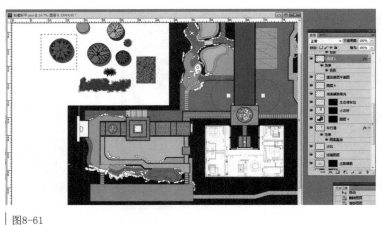

图8-61

图8-60

②接下来我们选取大的乔木"图层6"，用框选工具选择这颗植物(图8-62)，同时按住鼠标左键和"Ctrl+Alt"键，将植物模块下拉到想要的位置(图8-63)，然后按住"Ctrl+T"对植物大小进行调整，再按回车，接下来同时按住鼠标左键和"Ctrl+Alt"键，拖动植物进行复制移动(图8-64)。

注意：一种类型规模植物的复制最好在一个图层内完成，如果没有框选直接按住鼠标左键和"Ctrl+Alt"键，将出现多个图层副本，由于植物数量较多，在对图层的整体编辑和移动过程中会造成一定的麻烦，如果出现了多个图层副本，我们可以选择最上面一个图层，按住"Ctrl+E"键，将它与下一个图层进行合并，文字图层必须在其他图层之上。

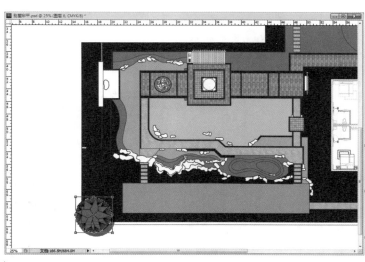

图8-63

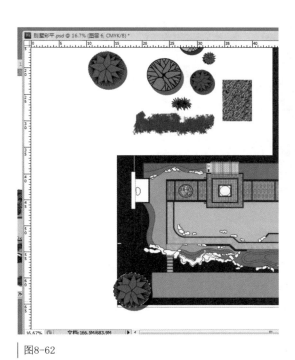

图8-62

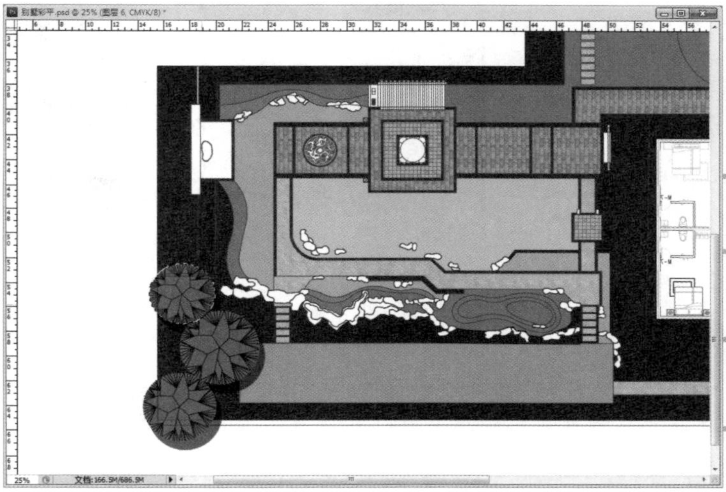

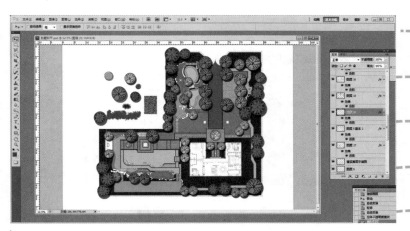

图8-64

③然后将此种植物进行复制，用同样的方法完成上层乔木的配置，注意植物的类型最多不超过3种，我们可以用同一种树形改变色彩来进行变化，配置的方式根据不同场地来进行搭配，总体来说靠近外围的植物为常绿，特型树多种植在草坪中央和重要节点区域，多余的图层我们可以直接选取，按"Delete"键删除(图8-65)。

注意：植物的高低层次，大乔木图层在上面，小乔木图层在下面，植物之间不能过多叠加，我们可以通过"Ctrl+["和"Ctrl+]"来调整图层的上下，当遇到图层量特别多的情况下能快速地移动位置。

图8-65

④为了达到一定的艺术效果，可调整部分植物的透明度，选择需要调整的图层，调整不透明度为85%（图8-66），将其他乔木图层也调整到一定的透明度，调整后能看到植物下方的细节（图8-67）。

图8-66

图8-67

⑤完成了上层大乔木图层后接下来制作小乔木和灌木图层，注意图层的次序要根据植物的大小来设置。小乔木和灌木的色彩为中间色调，树形也比较简单，根据地被的深浅来搭配颜色，竹子作为图面中常用的植物配置也是非常重要的，在设置竹子时我们要注意阴影的大小，点开图层样式对话框的投影（图8-68），拉动不透明度及调整两个投影数据的颜色和大小，点击"确定"，整个图面的植物基本完成（图8-69）。

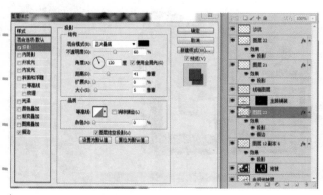

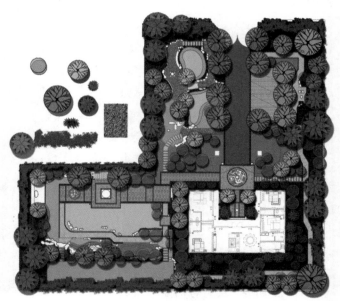

图8-68

图8-69

⑥小灌木和特色地被植物作为图面的点缀，起到丰富画面的作用，注意它和其他图层之间的位置关系，以及在图面当中的黑白灰关系，整个图面的效果基本形成（图8-70）。

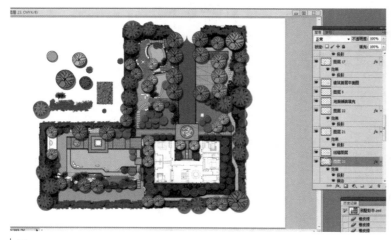

图8-70

（5）景观构架和细节的调整

现在整个图面呈现绿色，为了实现效果的对比，我们在小品和构架上采用暖色调，注意廊架应采用木头材质，室外座椅不能起到强调作用因此采用白色，注意投影不一样高的物体，应该分层设置，这样才能调整不同的投影大小。

景墙前的花坛采用稍微鲜艳的紫色开花植物，凸显其重要性，用蒙版工具来完成制作(图8-71)。

此时图面中复制的植物图例我们可以逐个选取删除，为了整体图面的效果，需要对线稿进行加强，选取之前锁定的线稿图层副本，点击图8-72所示红框内的锁定工具，解开锁定后可进行再次编辑。将线稿加粗的方式有两种：一种方式是选择图层，点击鼠标右键，选择复制图层(图8-73)，点击确定，复制线稿图层2~3次，图面线稿就可以加粗；另一种方式是选择最上面一个图层，双击图层，出现图层样式，勾选"描边"（图8-74），将大小调整到3像素，可以选择位置为外部或者居中，将产生不同的效果，最后点击"确定"，图面的内容清晰明确（图8-75）。

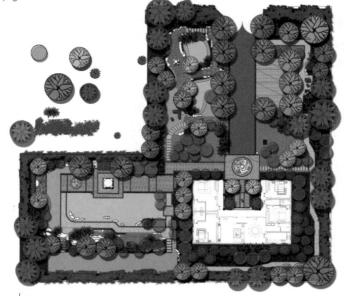

图8-71

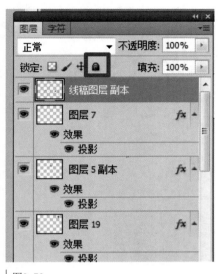

图8-72

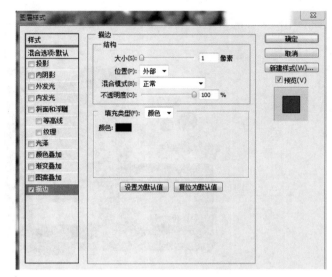

图8-74

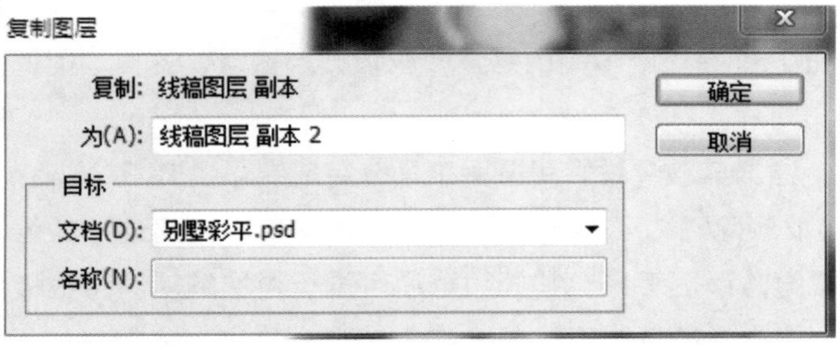

图8-73

（6）图纸的保存和导出

　　将完成的图纸通过"Ctrl+S"来保存，需要另存为图片格式的，选择"文件"→"储存为"（图8-75），将格式改成JPEG格式，点击"保存"（图8-76）。若将图纸保存为最大格式，则要调整数据（图8-77）。

　　注意：因为Photoshop的运行和保存占用的内存相当大，尤其是图层内容比较多的时候，这时候可能会显示磁盘内存不足，我们可以点选所示数据中的基线标准（图8-77），点击"确定"后完成保存。

图8-75

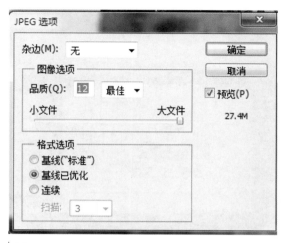

图8-76

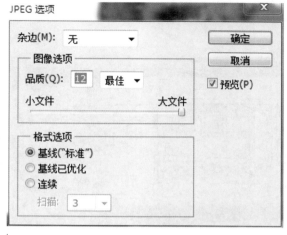

图8-77

8.3 水景图案填充的素材制作

上述的案例没有体现水景的制作，水景作为室外环境中常用的一种手法，是必须要掌握的，常用的方法有简单的色彩填充、蒙版工具制作，因为前面案例已经详细介绍了蒙版工具的运用，因此这里采用另一种方式即图案填充来进行介绍：

1.打开平面素材工具中的水景（图8-78）。

注意：下载的素材必须是平面的，不能是空间透视的，而且图片的质量要高，清晰度也尽可能要高。

2.打开编辑栏里的定义图案(图8-79、图8-80)，设置名称为水景，点击"确定"。

图8-78

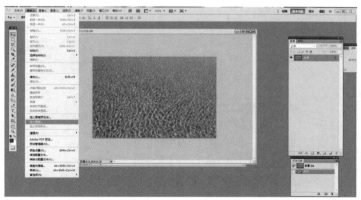

图8-79

图8-80

3.打开要填充图的线稿，用模板工具选取要填充的区域(图8-81)，新建图层3，将所选区域填充成蓝色（图8-82）。

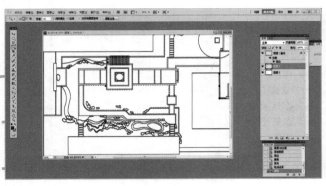

图8-81

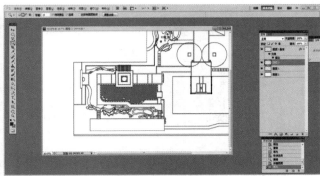

图8-82

4.用鼠标左键双击图层3（图8-83），先勾选"图案叠加"，再用鼠标左键点击"图案叠加"，变成蓝色条(图8-84)。

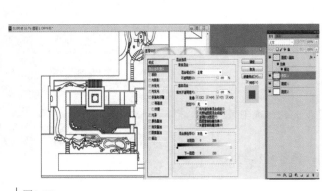

图8-83

图8-84

5.选取图案右边的向下箭头进行下拉(图8-85)，选中水景素材，观察画面的变化(图8-86)。

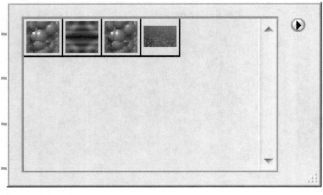

图8-85

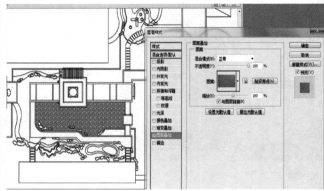

图8-86

6.接下来调节数据，把缩放调到360％，不透明度调到50％(图8-87)，观察图面变化，调到合适的数据后填充图案，完成调整。

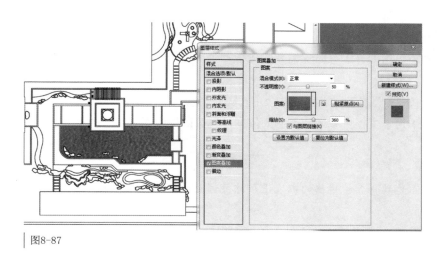

图8-87

7.因为水池是有一定深度的，所以要制作内阴影，先勾选"内阴影"命令(图8-88)，将不透明度调整为40％，距离调整为35像素，角度调整为45°，点击"确定"（图8-89）。

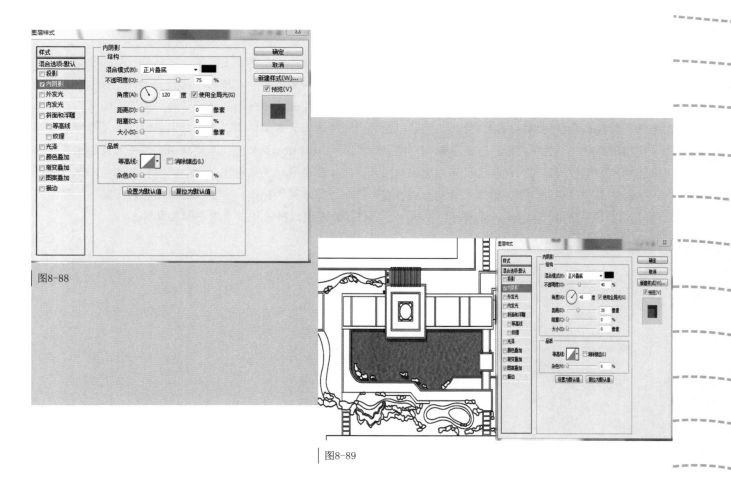

图8-88

图8-89

8.4 Photoshop室外环境平面图案例欣赏

通过以上案例的讲解我们发现，其实运用Photoshop软件制作彩色平面图，除了对软件操作命令的熟练掌握和了解以外，更多的是对设计的分析、理解和整体内容的把握，而且同样的手法我们往往可以通过不同的手段和方式来完成，具体运用哪种工具命令需要学生根据个人喜好和习惯来完成。因此多收集和整理以及临摹优秀作品是相当重要的。

在图8-90至图8-99案例展示中，我将结合个人实践经验和教学需求，通过不同类型和风格的Photoshop室外环境平面图案例来为学生提供参考和临摹的依据，也可以作为课堂练习的重要参考。

课后习题

对于示范图中没有体现到其他风格的内容进行练习，且练习题型从简单到复杂，以提高学生的学习积极性和成就感。

①根据素材贴图库文件夹中所给的素材，单独完成贴图素材的制作和植物模型的制作各5个，通过练习可以提升学生对工具的熟悉程度和对物体的模仿能力。

②通过自己的思考和研究，完成自然水面的制作，要求形成一定的阴影和渐变效果，并出现喷泉和水面的高差效果，主要是锻炼学生自我思考和学习的运用能力。

③根据本书配套资源"学习资源"→"ZY08"文件夹中所给的素材来完成CAD文件屋顶花园的彩色平面图的制作，让学生发挥创造力并带有一定的设计思路来对其材质和风格进行设计，以提升学生的风格把控力和植物搭配能力。

由于室外环境部分的实训是对全书前期工具使用的一个实践操作，本章主要是通过一个较小的别墅庭院景观彩色平面图的制作过程，来介绍Photoshop软件在制作中要注意的事项和技巧，起到一个入门的作用，对于案例以外可能遇到的其他问题也进行了简单示范讲解和说明，并在课后练习中进行了进阶式的实训练习，整个内容除了工具和命令的熟练运用以外，融合了一定的设计手法和艺术风格的打造，力求通过训练让学生对设计和风格表现具有统一的把控能力，真正要完全熟练地掌握Photoshop的制作还需要学习者进行大量的练习，很多平面图的效果并不是只有一种途径可以达到，当我们对软件命令和工具有了一定的熟悉和掌握后，可以通过个人熟悉的方式来实现，所以需要大量地搜集资料和尝试不同效果的操作，一些好的网站比如花瓣网、秋凌景观网等，对于需要深入学习室外景观环境的同学，提供了大量可以参考和学习的案例及素材。

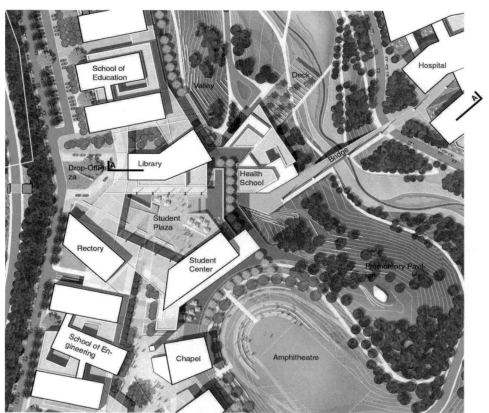

the Campus Core - integration of Diverse Academic and Student Life Programs with Landscape Strategies

图8-90

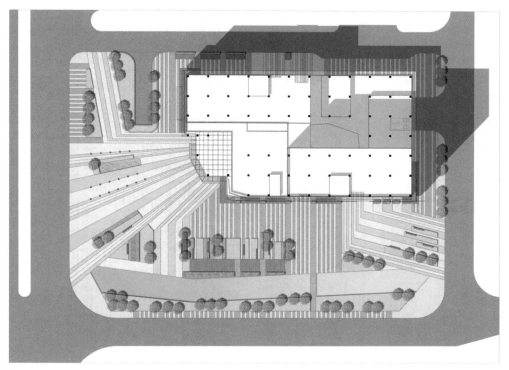

图8-91

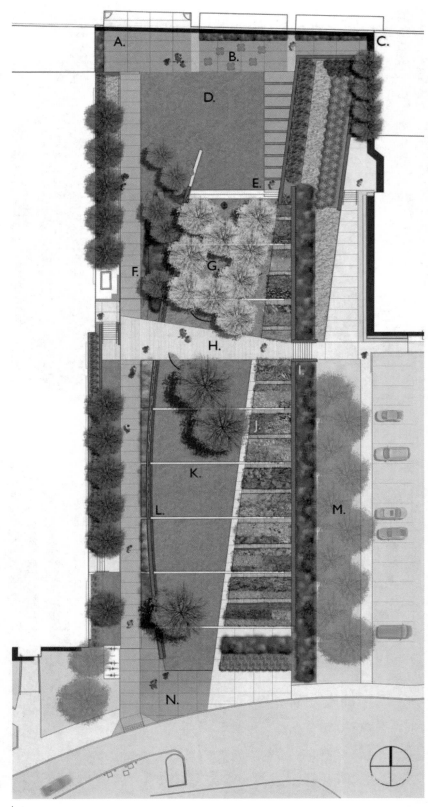

图8-92

图8-93

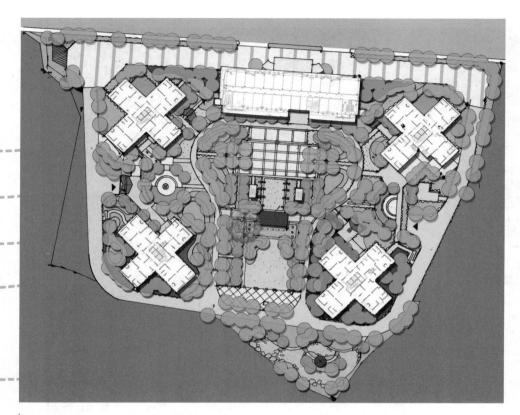

图8-94

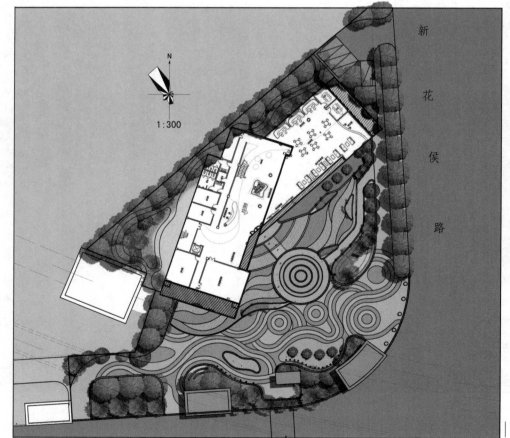

新
花
侯
路

图8-95

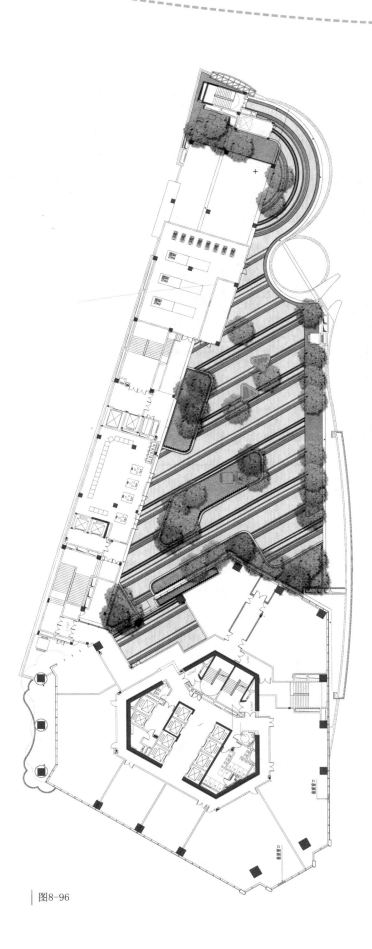

图8-96

屋顶花园

N

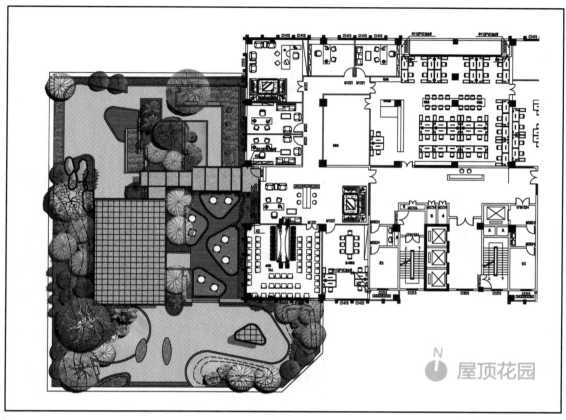

图8-97

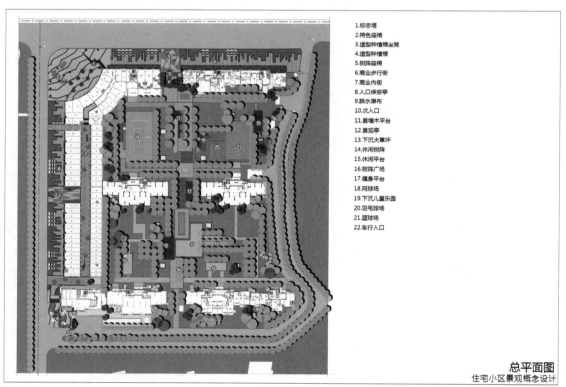

1.标志塔
2.特色座椅
3.造型种植槽坐凳
4.造型种植槽
5.树阵座椅
6.商业步行街
7.商业内街
8.入口保安亭
9.跌水瀑布
10.次入口
11.景墙木平台
12.景观亭
13.下沉大草坪
14.休闲树阵
15.休闲平台
16.树阵广场
17.健身平台
18.网球场
19.下沉儿童乐园
20.羽毛球场
21.篮球场
22.车行入口

总平面图
住宅小区景观概念设计

图8-98

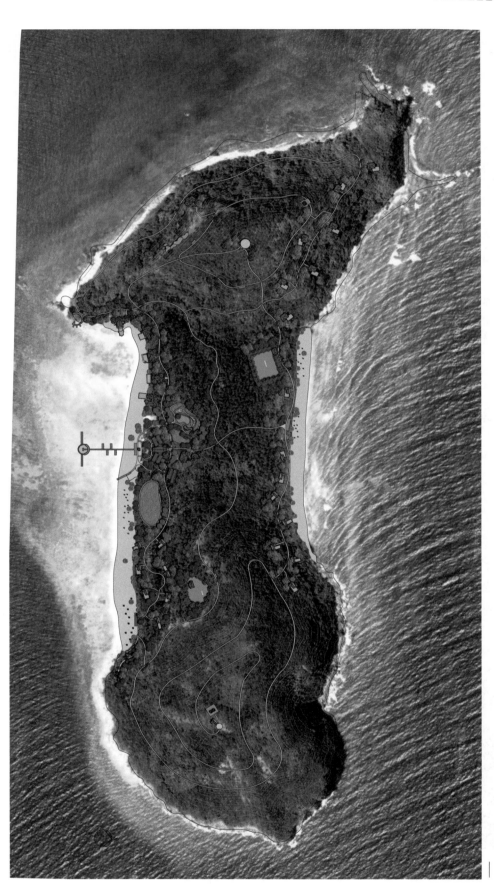

图8-99

第 9 章　Photoshop 室外透视效果图表现

9.1 项目创设

　　运用Photoshop进行室外透视效果图的制作对于城乡规划、景观、建筑专业的设计师来说要完全掌握和熟练运用具有一定的难度，因为一般逼真的透视效果图都是依托专业的3ds Max建模软件来完成前期的模型和渲染效果，然后再分层导入Photoshop中进行后期的渲染和加工。

　　众所周知，Photoshop是一个与美学结合得很紧密的软件，只单纯懂软件的命令，而不懂美学，那么制作出来的画面会是不生动的。所以本章通过讲解效果图后期处理中各种常见问题的处理方法，来简单地让大家掌握流程和制作的方法，不仅可以提高学生们对Photoshop软件的应用技巧，同时也会提升对美学和设计的基本认识。

9.2 项目运用

　　因为3ds Max建模软件过于复杂和难以掌握，所以很多时候设计师在方案推敲阶段和方案深化阶段会先运用SketchUp软件来完成建模工作，然后选取角度导入Photoshop中进行后期的植物添加、效果的美化等，图9-1所示就是通过后期Photoshop添加的相对真实的天空、近景植物和配景来完成的，包括图面中的部分植物的色彩为了图面的统一也进行了更换。值得注意的是，在进行后期加工时我们必须选取和原图表现手法一致的素材进行添加，否则效果将得到破坏。

　　现在市面上还盛行一种Lumion后期软件，它能形成相对逼真的室外环境并且有一定的材质体现，但是导出的效果往往视觉冲击力不够，需要我们运用Photoshop强大的后期处理方式加强效果，图9-2所示为Lumion后期导出的效果图原图，经过后期环境的加入和部分内容的调整及更换，形成最终效果（图9-3）。

图9-1

图9-2

图9-3

9.3 实际案例演示

因为本节内容对于室外环境专业学生来说并不是重点，因此只做简单地介绍，其中大量重复的内容，不做详细展开讲解，需要学生自己领会。

9.3.1 前期准备

1.图形格式的处理

原图是在3ds Max里制作的，渲染保存图像的时候选择TGA图像，这样在Phtoshop通道里就可以去掉背景。首先从3ds Max中导出图形(图9-4)，我们可以看到它分了几个图层，其中一种是不同色彩的分层(图9-5)，为了选取每个不同类型的内容规范来制作素材蒙版，所以用简单的色块来区分，还有一种经过材质、光线渲染的硬质景观和建筑图层(图9-6)。

图9-4

图9-5

图9-6

2.项目情况的分析

看完基本图纸后，要在心里有明确的认识和目标，这样制作起来才会有方向，建筑效果图主要突出建筑的造型、材质、使用功能等，植物都是配景而已，而景观效果图主要突出景观小品、植物组团、植物空间、植物品种（落叶和常绿），建筑除了景观建筑以外其他的都是配景，有了明确的重点和方向后，后面的工作就要为这些内容服务。

（1）首先，我们要进行项目类型和风格分析，根据类型来找相关的资料和素材。

（2）然后，我们要确定主体、主要表现的设计部分，图面中主要表达的是植物、水面、广场还是景观建筑，便于我们通过网络资源和素材库寻找合适的内容。

（3）最后，主体明确之后，一定要注意角度的问题，不同角度的空间关系、画面的透视关系、植物空间关系均不同。在寻找内容的同时一定要注意透视角度。

3.作图素材的整理

主要的素材有天空、水体（自然水面和喷泉跌水）、植物、铺装、小品等，一般需要处理的是植物素材，在找到了植物素材以后，我们将需要的资料整理到一个PSD文件夹中，便于后面植物的搭配。

资源文件的格式主要有：PSD、JPG、AI、CDR、EPS、TTF等六种，我们常用的PSD模板文件需要用Photoshop软件打开编辑，如果发现打开的文件是空白，请点击图层前面的眼睛图标，把隐藏的图层打开。如果找到的素材都是图片格式的，有一些还是照片里的植物（图9-7），这些图片都要进行一定的处理。

注意：新建的PSD素材文件页面应该按要求进行设置（图9-8），这样才能保证图像效果的清晰度。

图9-7

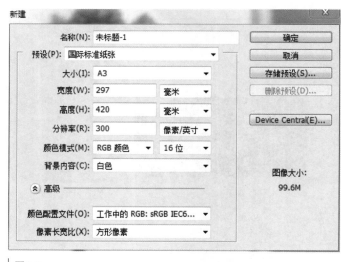

图9-8

（1）我们选择多边形套索工具，将要抠取的植物选取大的轮廓（图9-9），点击移动工具，将所选区域移到新建文件中（图9-10）。

图9-9

图9-10

（2）按住"Ctrl++"键将图面放大到合适的大小，为了方便抠除多余的内容，此时我们点击图层工具栏中最左边的眼睛图标，关掉背景白色图层(图9-11)，选取魔棒工具，根据图面的植物色彩和背景的对比度，输入容差为30，然后用模板选中白色区域(图9-12)。周围的白色区域都被选中，中间树缝里还有没被选取的，我们点击鼠标右键，选择"选择相似"(图9-13)，所有白色部分被选中。

注意：如果图片中的背景不是纯色而有其他内容时，我们需要调整画面对比度，在选取周边色彩时，如果和植物边缘色彩接近，可将魔棒的容差调整到较小数字，多次选取后进行删除。

图9-11

图9-12

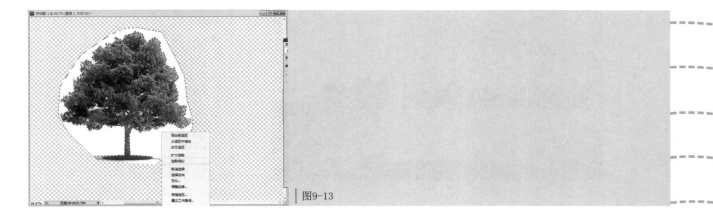
图9-13

（3）点击"Delete"键删除，再按组合键"Ctrl+D"，然后框选树干下的草皮并删除，植物单个素材制作完成。我们用同样的方式将所有需要的素材整理到一起（图9-14）。

注意：容差越大选取的内容越大，对于植物与背景色彩对比较大时可以输入较大的数据，反之应输入较小的数据，防止需要的部分被选取删除，如果遇到植物的颜色和周边环境颜色比较相近时，我们只能采用多边形套索工具及羽化命令来抠选所需内容。

图9-14

9.3.2 具体操作

效果图后期处理总结为三个部分：更换天空地面、添加植物构图、细节处理及色调光感的调节。前两个部分主要是构图、色彩搭配，它直接影响着效果图的成败。最后一个部分是光感处理，它的好坏决定这张图的逼真程度。

1.更换天空地面，确定大的色调

（1）天空：一般我们做效果图都是从远处做起，一个图的天空背景很重要，它直接影响图的整体方向。在这张小鸟瞰图里看到的背景就是远处的天空和城市环境，因此我们找到一张基本角度相同的、像素清晰的天空图像，进行处理，可以采用合成法和渐变法，尽量让天空与场景融合。

①在页面中打开（图9-15），因为图面中有些高楼影响了天空的整体感，这个时候我们要用仿制图章工具（图9-16）进行处理，处理前要点取鼠标右键调整笔画大小和模式（图9-17），然后选取仿制图章工具，同时按住Alt键和鼠标左键，当鼠标变成一个"+"形，找到仿制内容的原点，然后松开Alt键，单独按住鼠标左键在需要抹掉的房子区域从上往下移动，将建筑变成天空的图样（图9-18）。

注意：画面中的"+"形如果仿制到了不想要的区域，应该重新选取图形原点。在仿制过程中为了更细致准确当仿制一部分区域后，松开鼠标左键，寻找更合适的原点再一次进行仿制。

图9-15

图9-16

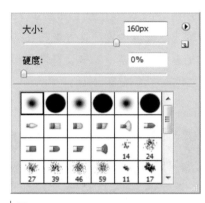

图9-17

图9-18

②将处理好的天空拖至要处理的图面中，因为天空图像很大，需要进行大小调整，按住组合键"Ctrl+T"(图9-19)，按住"Shift"键从图像对角往内拉动到合适的大小(图9-20)，接下来按住"Ctrl+["键将天空往下移动到图层最底下，如图9-21所示完成背景的处理。

图9-19

图9-20

图9-21

（2）地面

这个公园的大部分地面是由水景和草坪空间组成，其中的铺地和道路在前期3ds Max里完成铺装和材质渲染（图9-22），一般不需要再次处理，而水面在渲染中已基本形成质感和主要建筑的倒影（图9-23），后期主要添加水面的局部光感和倒影虚化处理，增加水生植物对驳岸进行软化处理等内容，这些都将在后面的图面深入和细化中完成。因此在这张效果图中，大量的草坪微地形空间成了重要的内容，怎样让草地看起来真实？怎样让画面充满空间感？以及提升画面空间感的控制力是这一阶段要完成的主要内容。

图9-22

图9-23

①在Photoshop页面中打开草坪图片（图9-24）。

注意：画面的像素和图面内容都比较大，我们可以通过点击放大缩小工具中的实际像素（图9-25）来查看图面素材是否合适。

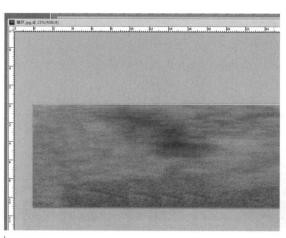

图9-24

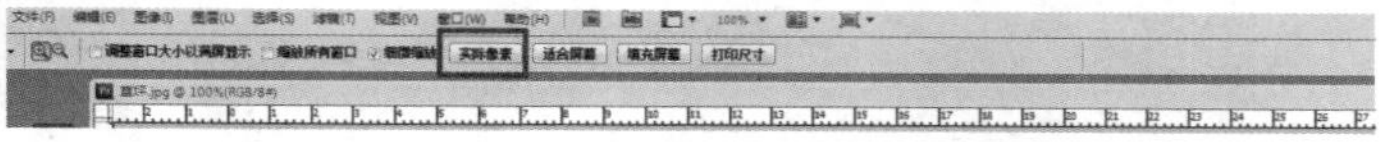

图9-25

②鼠标左键点击多边形套索工具，在羽化区输入数据15（图 9-26）。

图9-26

③使用多边形套索工具，一边按住鼠标左键，将需要选取的草 地范围框闭合（图9-27），图片边缘经过羽化形成圆润和渐变的过渡效果，让草坪叠加时过渡更自然。

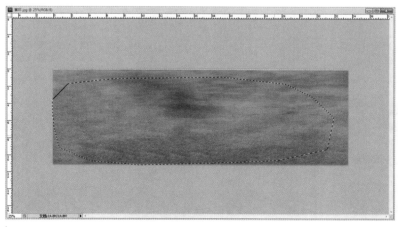

图9-27

④点击选择工具，并按住鼠标左键，将所选草坪拖选到要进行后期制作的图面中(图9-28)，因为草皮像素较大，拖进去后图面内容过大，将草皮比例缩小到合适大小(图9-29)。

注意：在拖动前保证所选区域的边线一直存在，如果没有边线显示将会把整张图全部拖到要进行后期制作的图中。

图9-28

图9-29

⑤点击图层左边的眼睛工具，关闭草坪图层（图9-30），点开之前3ds Max渲染的分色图层（图9-31）。

图9-30

图9-31

⑥用模板工具选择草皮所在范围，点开草坪图层，添加蒙版（图9-32），接下来将所有草坪区域全部填满草皮（图9-33）。

图9-32

图9-33

⑦调整草皮的颜色、色阶和亮度对比度效果，如果是局部调整草坪颜色可能会形成坡度，可以用多边形套索+羽化选择范围后再调整亮度，这样就能形成自然的渐变效果，还有一种方法是用加深命令（图9-34），加深时要点击鼠标右键调整画笔样式和大小（图9-35），还可以调整曝光度的数据（图9-36），从此形成自然的起坡草地。

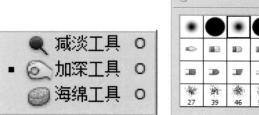

图9-34

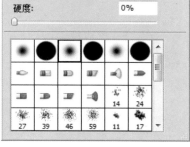

图9-35

图9-36

⑧经过放大图面进行色彩和加深调整来细化近景和重要草地的质感，由于远处的植物会被覆盖因此不必细化（图9-37）。

注意：草坪有近大远小的效果，因此在复制过程中越往远处越要缩小图面草坪的比例，这样才能形成空间效果。

经过天空背景和地面草坪的处理，整个图面的基本形态和色调已形成（图9-38），为后面的深入和细化提供了方向和指导。

图9-37

图9-38

2.添加植物构图，完成图面深入

接下来进行图面的深入处理，主要是植物空间和配景内容的添加，作为小鸟瞰图主要打造的是整体的群落空间感和大的色块，这里有几点内容需要我们认真考虑：

①树木的尺寸和比例。

②植物的分组。

③画面植物的色彩搭配。

④树种的选取。

⑤画面的协调、对称与均衡。

⑥画面的景深、近实远虚、艺术的空间处理与调整。

⑦画面光感的调节。

⑧鸟瞰配景的放置与搭配等内容。

在植物制作中为了构图的完美性。我们通常先添加远景和近景，然后再添加中景，远景能突出画面的空间感。

①打开植物素材文件（图9-39），将远景所需植物拖到图面中，形成较好的背景空间，如图9-40所示效果。

注意：远景植物不宜太跳跃，纯度、明度都不要太高，植物以大片纯色为主，局部搭配一些竖向高度的松柏类，道路中间的分车道用银杏形成强调效果，水边岸边的植物用柳树进行局部提亮，形成较弱的对比（图9-41），注意植物的高度比例和近大远小的透视关系（图9-42）。

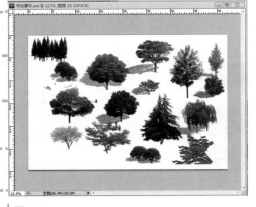

图9-39

图9-40

图9-41

图9-42

②放大背景内容并观察部分细节，发现背景的体块建筑色彩太亮，且有一块建筑因为植物的前后关系受到遮挡（图9-43），我们选取底图图层，用多边形套索工具选取3栋建筑，执行组合键"Ctrl+C""Ctrl+V"将所选图层复制，并调整整体色阶和亮度对比度（图9-44）。

图9-43

图9-44

③用同样的方法，加入中景植物，一般情况下中景部分是画面的主要表现区域，植物一定要有空间、有层次，且有较艳丽的色彩，包括色彩饱和度、细腻变化的对比度、树形的变化和细节的对比等。植物组团要有疏密关系，植物从低到高的层次依次为：草地—草花—灌木—小乔木—大乔木，我们添加植物却是从高到低的添加，并形成空间组团关系(图9-45)。

图9-45

④接下来在绿色层次变化大的植物空间中加入彩叶的小乔木和花灌木，形成色彩的对比，加强水系驳岸的处理，增加石头和水生植物，软化边界(图9-46)。

注意：彩叶植物作为陪衬应当在林缘和树下进行种植，颜色和色调与整个偏暗的植物空间形成一定的对比，彩叶植物色彩不能过于艳丽，所占面积也不能太大，因此只露出局部显示。

图9-46

　　⑤进行近景的打造，选取图面中的植物进行添加，近景的植物比例会更大，看到的植物细节会更多，近景只能起到烘托画面进行空间划分的作用，因此不宜采用过多的变化（图9-47）。

　　注意：作为近景的一些重要区域，如入口处和过密的植物群落，应增加一些亮色和彩叶来打破沉闷（图9-48）。

图9-47

图9-48

　　⑥近景左边的水面色彩有些明显，这时候可以通过水生植物将色彩和空间"压"下去（图9-49）。

图9-49

　　⑦最后添加人物、石头和水上喷泉等细化的内容，人物和车流等能起到引导视线、饱满构图、活跃场景气氛的作用(图9-50)。

　　经过图面植物的完成及内容的深入，整个效果图的画面基本成型(图9-51)。

图9-50

图9-51

3.细节处理及色调光感的调节，形成画面效果

（1）细节处理

①包括各种选区、羽化调参数、冷暖补色等。如有需要可以在主体上添加细节，如灯、花钵等内容，让主体更丰富。

②前景的进一步细化，主要是前面的植物和草地不自然，可以用植物遮挡一下，做到这里，大体就可以了。再来做一些细节，比如倒影，前景的树枝、人物。用前景的树枝遮挡是很好的表现手法，在园林制作中我们经常会运用，因为这张是小鸟瞰图，所以不能用前景植物遮挡的方法。但是当图面中前面的内容太亮，我们可以通过放置一个透明度为55％的黑色渐变图层来达到效果(图9-52)。

图9-52

③还有就是阴影和虚化背景，阴影在园林效果图中的表现很重要，能虚化一些景物，让图片更鲜明。增加加阴影、对比度，可以使画面不浮、不跳、不骄不躁，有时候画面比较灰，就可以应用阴影来加重对比，再加一些点缀，如水的喷溅和水生植物。

（2）整体色调光感的调节

调整色调，这个步骤很重要，能让画面色彩整体一些。

①加一层有色图层，用叠加方式使颜色减淡来提亮主体区域。背景因为是远景，为了使它和天空进行自然的过渡，也为了突出画面的中间景观，我们可以在图中加一个虚化的图层进行局部覆盖，形成远处天边的效果(图9-53)。

图9-53

②调整图层增加色彩平衡，可以改变画面的冷暖对比，一般暗的地方偏蓝紫，亮的地方偏红黄。

9.3.3 图像保存和图形格式

　　PSD是图像处理软件Photoshop的专用格式，这种格式可以存储Photoshop中所有的图层、通道、参考线、注解和颜色模式等信息，便于后期进行修改和其他元素的共用统一。PSD格式在保存时会将文件压缩，以减少占用磁盘空间，但PSD格式所包含图像数据信息较多，因此比其他格式的图像文件大得多。由于大多数排版软件不支持PSD格式的文件，我们会在完成图面效果后保存成JPEG格式。

9.4 Photoshop室外环境效果图案例欣赏

　　不同时间段（日景、夜景、黄昏）、不同视角（人视、小鸟瞰、大鸟瞰）、不同风格（欧式、中式、日式、现代）、不同类型（别墅庭院、民俗古建、居住区景观、公园景观）的园林效果图的表现内容和重点都是不一样的。通过学习不同场景的材质设置、场景布光、渲染以及后期处理，运用Photoshop软件制作效果图，除了对软件操作命令的熟练掌握和了解以外，更多的应该是对设计的分析、理解和整体内容的把握，因此大量收集相关素材和案例是非常必要的，在该章节内容的图片案例展示中，将结合个人实践经验和教学需求，通过不同类型和风格的Photoshop室外环境平面图案例来为学生提供参考和临摹的依据，也可以作为课堂练习的重要参考（图9–54至图9–65）。

课后习题

　　对于示范图中没有表现到的其他风格的内容进行练习，且练习题型从简单到复杂，以提高学生的学习积极性和成就感。

　　①寻找不同的效果图素材，进行临摹训练，主要提升学生对工具的熟悉程度和对物体的模仿能力。

　　②寻找素材制作一个假山和小瀑布的效果图，素材和图面组合方式自定，主要提升学生对工具的熟悉程度和简单场景的组合能力。

　　③根据本书配套资源"学习资源"→"ZY09"→"03课后习题"文件夹中所给出的一张人视居住区大门效果图的制作成果和所给的原始图，完成整张效果图的制作，以提升学生的综合运用能力。

　　由于室外环境部分的实训是对全书前期工具使用的一个实践操作，本章主要是通过城市公园景观透视效果图的制作过程，来介绍Photoshop软件在制作中要注意的事项和技巧，起到一个入门的作用。

　　有人说景观后期效果图就是植物、人物等素材的拼凑，我不认同这种观点，一张图要想做得有意境，那就必须做到人与天与地与设计合四为一。因此整个实训案例的内容除了工具和命令的熟练运用以外，融合了一定的设计手法和艺术风格，力求通过训练让学生对设计和表现具有统一的把控能力。

图9-54

图9-55

图9-56

图9-57

图9-58

图9-59

图9-60

图9-61

图9-62

图9-63

图9-64

图9-65

Photoshop CS6 主要快捷键

1.文件操作

新建新文件	Ctrl + N
默认设置创建新文件	Ctrl + Alt + N
打开文件	Ctrl + O
关闭当前文件	Ctrl + W
存储文件	Ctrl + S
另存为	Ctrl + Shift + S
打印	Ctrl + P

2. 工具箱

选框工具	M
矩形、椭圆选框工具切换	Shift + M
裁剪工具	C
裁剪工具箱工具切换	Shift + C
移动工具	V
套索工具	L
套索工具切换	Shift + L
魔棒工具	W
魔棒工具切换	Shift + W
修复画笔工具	J
修复工具栏工具切换	Shift + J
画笔工具	B
画笔工具切换	Shift + B
图章工具	S
图章工具切换	Shift + S
历史记录画笔	Y
历史记录画笔切换	Shift + Y

3. 选择功能

全部选择	Ctrl + A
取消选择	Ctrl + D
重新选择	Ctrl + Shift + D
反选	Ctrl + Shift + I

4.图层操作

图层混合模式循环切换	Alt + +/-
复制图层	Ctrl + J
新建图层	Ctrl + Shift + N
盖印可见图层	Ctrl + Alt + Shift + E
将图层向下移	Ctrl + [
将图层向上移	Ctrl +]

5.图像调节

色阶	Ctrl + L
曲线	Ctrl + M
色彩平衡	Ctrl + B
色相/饱和度	Ctrl + U
反相	Ctrl + I
去色	Ctrl + Shift + U

参考
文献

【1】王俊新，董文洋，张学颖.品悟——PhotoshopCS6 产品设计从入门到精通[M]. 北京：人民邮电出版社，2015.

【2】郭明珠，郭胜茂，高景荣. Photoshop室内外效果图后期处理实训[M].长春：东北师范大学出版社，2012.

【3】陈传起，杨振宇. Photoshop图形图像处理技术项目化教程[M].北京：中国轻工业出版社，2017.

【4】李涛. Photoshop CS5中文版案例教程[M].北京：高等教育出版社，2012.